设计 计
应 变

$$\left[\begin{array}{c}\text{产品体验设计}\\\text{实战录}\end{array}\right]$$

李伟巍 · 著

U0256465

電子工業出版社·
Publishing House of Electronics Industry
北京 · BEIJING

图书在版编目（CIP）数据

设计应变：产品体验设计实战录 / 李伟巍著. —北京：电子工业出版社，2023.9

ISBN 978-7-121-46027-2

Ⅰ.①设… Ⅱ.①李… Ⅲ.①产品设计 Ⅳ.①TB472

中国国家版本馆CIP数据核字（2023）第138710号

责任编辑：高 鹏
印　　刷：中国电影出版社印刷厂
装　　订：中国电影出版社印刷厂
出版发行：电子工业出版社
　　　　　北京市海淀区万寿路173信箱　　　　邮编：100036
开　　本：787×1092　　1/16　　印张：12.5　　字数：240千字
版　　次：2023 年 9 月第 1 版
印　　次：2023 年 9 月第 1 次印刷
定　　价：98.00元

凡所购买电子工业出版社图书有缺损问题，请向购买书店调换。若书店售缺，请与本社发行部联系，联系及邮购电话：（010）88254888，88258888。

质量投诉请发邮件至zlts@phei.com.cn，盗版侵权举报请发邮件至dbqq@phei.com.cn。

本书咨询联系方式：（010）88254161~88254167转1897。

为何写这本书

设计作品有优劣之别，设计能力有高低之分，但设计师却不能通过等级来划分。因为不同的设计师相差的不是履历，而是设计思维。好比有些设计师做了很多年，却整理不出一份像样的作品集；而有些设计师却懂得如何灵活变通，刚出道就能设计出独具匠心的作品。在评价设计师作品的时候，我们经常给设计师的风格定性——某某设计师特别擅长设计某某风格。现在想想，这样的定性真是违背了我们做设计的初衷。

作为设计师，笔者特别想问一句："设计师的风格，难道不是由需求的变化而决定的吗？"哪个企业会聘请只能做一种设计风格的设计师呢？设计跟艺术不同：艺术带有强烈的个人色彩；而设计却要推陈出新，以不变应万变的姿态独辟蹊径。"不变"的是设计理念、方法、技艺等，"万变"的是我们拥抱的变化。这也是笔者写这本书的初衷，设计师不应追求带有个人色彩的恒定风格，而要学会随时应对设计变化的方法。

设计师在刚入行的时候多少都会走一些弯路，笔者也一样，摸爬滚打、蹒跚前行，期待能有引路人来指路。有人指明正确的方向，起码可以少走弯路。正因如此，笔者特别羡慕现在的设计师，他们多了很多学习的途径——随着互联网的发展，不仅可以参考很多的资料，而且更重要的是形成了大家愿意分享自己设计经验的圈子。设计需要的是新鲜的血液，只依靠一个人发展太有限了，而依靠一群人的交流才能走得更远。所以，笔者在考核设计师的时候，还将设计师对团队的贡献作为一个考核指标。虽说设计师交换的仅仅是设计方面或其他工作方面的经验，但团队收获的却是共赢。

笔者在多年的产品设计工作中接触过太多的项目，也遭遇过太多的挫折，还好那些问题都一一解决了。在此，笔者将这些设计的经验总结成一套行之有效的设计方法，分享出来与同行的小伙伴们一起探讨，期待能得到大家的反馈。真心希望大家都能收获成长，以实现共赢，这样笔者也算为设计行业尽了一点绵薄之力。

本书主要内容

首先，本书从引导设计思考的层面出发，甄别设计和艺术传递的价值，介绍如何在设计中进行创新，从而引出在产品设计中那些经常被忽略的仪式感和情感化设计的方法。本书还通过实例介绍体验设计对产品和用户的影响，以及如何进行这些设计。同时，本书还阐述了"设计中台"的概念，以及"设计师需要了解产品思维"这一论点，掌握这些内容可以为接下来的高效设计输出保驾护航。

其次，本书从设计心理角度出发，介绍了数据可视化设计所带来的想象空间有多大，让读者对如何进行数据可视化设计了然于胸。在元宇宙相关概念火爆的当下，基于 VR、AR 等新技术打造的沉浸式体验场景，让大家了解了设计前沿，本书将深入挖掘这些内容，推动读者对心流模型的感知上升到新高度。本书剖析了影响用户阅读顺序的底层逻辑，以及如何针对引导用户阅读做出正确的设计。本书还介绍了经常被大家忽略的细节设计，从好的设计应遵循的十大原则出发，结合实例总结了一系列有关细节设计的方法，建立了产品与用户对话的设计链路。

最后，本书对设计师成长的路径进行拓宽，指出设计师应先认清自己所处的阶段，以及如何向更高阶段发展，明确设计的方向。本书认为设计师不仅要做好设计工作，还要做好沟通工作，将对等信息有效地传达给对方，针对焦点问题如何一步步引导解决，适时使用沟通技巧掌控沟通的方向。本书还针对如何公平、公正、公开地评定设计师的绩效，结合笔者所在团队的实践经验，总结出一套简单、合理、有效的考核标准，希望借此带动设计师工作的积极性，最终使团队健康、有序地发展。

本书读者对象

以上概括了本书的主要内容，读者应该可以看到本书内容与设计师工作的紧密性，设计师在设计工作过程中的思考、心理、成长在书中都得到了层层体现。因为本书主要从产品体验设计的角度展开探索，所以适合的阅读人群就被拓宽了。

第一类，设计师、产品经理、产品开发人员等。

本书对设计师来说是非常实用的，因为书中总结了大量的产品体验设计经验和设计原则，可以为设计师指明设计的方向，使其一步步进阶。本书从业务、用户、场景层面总结了做产品体验设计的正确方法，这些方法是从事与产品体验设计相关工作的人士需要学习的。产品从需求到设计，再到最终落地，都需要产品开发人员来实现，本书提到了开发事项对产品的影响，这些也是需要开发人员了解和学习的。

第二类，企业、项目、团队的管理人员。

产品作为企业的"代言人"，其需求分析、设计、开发，无论哪个环节出了问题，带来的直接后果都是转化率、营收、业务数据的下滑。本书将提升这些数据作为优化体验设计的重要准则，这些数据也是管理者比较关心的运营数据。此外，本书还分享了在团队管理中如何进行沟通和绩效评定的相关内容。可见，本书还可以帮助管理者认识到体验设计工作的重要性。

致谢（排名不分先后）

笔者之所以写这本书，是因为看到了互联网发展的今非昔比和技术迭代的日新月异，受到了强烈震撼。从开始使用 Photoshop 7.0 版到升级为如今的 Photoshop 2023 版，从开始学习 3ds Max 到如今使用 C4D，从使用 Photoshop 手动切图（多个密度）到如今直接上传蓝湖或摹客实现自动切图，从使用 Photoshop 设计界面到使用 Sketch，再到现在利用 Figma 在线协作，可见这些软件革新、更替的进程有多快，而这都是技术创新和更高需求所催生的蜕变。作为见证者，笔者不断应对这些变化所带来的影响，同时鞭策自己跟上时代的步伐。这一切促使笔者花了两年时间写这本书。在此跟大家分享个人经验，笔者深切希望能为走在产品体验设计路上的小伙伴们提供些许指引。

感谢领导的支持，给了笔者莫大的鼓励；感谢团队的小伙伴们，为笔者提供设计方法的践行和工作案例的总结，为充实本书的内容提供了重要的帮助，使笔者有如此多思考和学习的机会。谢谢大家，正是有了大家的付出，才让这本书的面世成为可能。

感谢电子工业出版社的田振宇、高鹏、田学清、黄月丹，以及参与编辑和后期制作、推广的团队人员，谢谢大家一直给予笔者在写作方面的专业指导。谢谢大家给了笔者这次写作的机会，正是大家在背后默默地推动、执行，才得以保证本书顺利出版。

感谢亲爱的妈妈、儿子和女儿，为笔者提供在体验实践上的感观和认知反馈，这些成为笔者写作必要的素材；感谢贤惠妻子的默默付出和对笔者精神上的鼓励。他们是笔者写这本书时砥砺前行的坚强后盾，感谢他们的陪伴。

目 录
CONTENTS

第 1 章

设计和艺术之间的平衡点

设计和艺术贯穿于人们的工作和生活之中，人们经常为如何设计提出自己独到的见解，但很少有人会对艺术娓娓道来，因为这两者之间有一道鸿沟，它们似乎并不在一个频道里。设计师经过专业的培训和学习，虽然对设计有独到的见解和思考，但是在做产品设计的时候，如果寄托过多的艺术情怀，就会忽略用户的真实意图。只有注重用户的感受才能做好产品的设计，**好的设计应多体现有用、易用、友好、美观、品牌等因素**。设计师在追求好的设计和艺术情怀之间需要找到一个平衡点，所以笔者开篇就将设计和艺术的平衡作为首要的探讨对象，从而明确设计方向。

▊ 1.1   设计和艺术的界限

日本的设计大师原研哉在《设计中的设计》一书中，这样表述艺术和设计的不同："艺术说到底是个人意愿对社会的一种表达，其起源带有非常个人化的性质。所以，只有艺术家自己才知道其作品的来源。这种玄虚性使得艺术'很酷'。当然，解读艺术家的表达有多种方式。非艺术家通过对艺术的有趣阐释与艺术互动，欣赏之，评论之，在展览中对艺术进行再次创作，或把艺术当作一种知识资源使用。

"而设计，则基本上不是一种自我表达，它源于社会。设计的实质在于发现一个很多人都遇到的问题然后试着去解决的过程。由于问题的根源在社会内部，除了能从设计师的视角看问题，每个人都能理解解决问题的方案和过程。设计就是感染，因为其过程所创造的启发，是基于人类在普遍价值和精神上的共鸣。"

美国艺术家前田·约翰（John Maeda）在《简单法则》中写道："**最好的艺术总会用很多问题让你的大脑转个不停，也许这就是纯艺术与纯设计的根本区别。伟大的艺术让人迷惑，而伟大的设计让事物清晰。**"

大师们在言语之间道出了设计和艺术在本质层面的差异，在生活中，我们会见到很多在设计上追求匠心的作品。设计师们在设计上追求极致，打造出超凡脱俗的作品，俨然这些作品已经可以被当成艺术品来对待了。图 1-1 所示为两款 CD 机，或许你会毫不犹豫地选择右图中那一款。左图中那一款是我们常见的设计，比较大众化；而右图中那一款是无印良品精心设计的壁挂式 CD 机，即使 CD 机已经过时了，但那些喜欢音乐的人看到这样的设计，依然会驻足，他们愿意为别具匠心的设计买单。这就是在艺术和设计之间找到了一个平衡点，因此才得以呈现出这么好的作品。

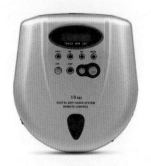

图 1-1　两款 CD 机

每当被人问及所从事的职业时，如果你回答"设计师"的话，可能会让对方有点儿迷惑。因为与设计相关的行业太多了，包括视觉设计、动画设计、工业设计、室内设计、模型设计、插画设计、动漫设计、造型设计、舞美设计等，不同行业设计岗位的工作模式差距明显，跨度非常大。比如，室内设计师要了解各种建材，还要经常去工地；造型设计师要学会衣着搭配，还要掌握化妆技巧；而视觉设计师主要负责设计 UI（用户界面）图，再将其落到开发层面去实现。虽然不同行业的设计区别很大，但**人们对设计的审美却具有普适性，美的东西很容易被大众接受，而美又同艺术、设计关联紧密，所以设计师更要分清设计和艺术之间的界限**。笔者尝试从以下 3 个维度来区分设计和艺术，从而帮助设计师更好地对它们进行理解。

- 创作目的不同。

- 互为前后关系。

- 折射影响不同。

1.1.1　创作目的不同

艺术创作偏向于表达创作者自身的精神世界，它同创作者的处境和情绪波动有很大的关系，创作目的比较随性，没有具象的目标。比如，大家耳熟能详的凡·高，曾留下一幅幅艺术精品，《星月夜》（见图 1-2）就是他与高更发生争吵，割下自己的一只耳朵后，被送入圣雷米一家疯人院那段时间创作的作品。《星月夜》呈现出两种风格的线条：一是弯曲的长线，二是破碎的短线。两种线条被交互运用，使画面呈现出炫目的奇幻景象。这显然已经脱离现实，纯粹为凡·高自己的想象。

图 1-2　凡·高的《星月夜》

房龙在《西方美术简史》一书中，这样评价《星月夜》这幅作品和凡·高：一个个呈旋涡流动的星辰，敏感而不稳定；几近骚动的线条，刺目的黄色或耀眼的红色在激情的指挥下恣意舞动，就连生长于大地的扁柏也在尽力挣脱地心引力，直刺向急流涌动的蓝天，这简直是一片激情的汪洋；凡·高的激情远比高更更加激烈与外向，在凡·高的绘画中，所有的色彩与形象都必须服从他不羁的激情表达。

可见，凡·高创作这幅作品时内心世界有太多内容想要表达。类似的艺术创作还有很多，但创作者在创作之初的目的都比较随性，属于个人意愿的表达。

而设计的目的就比较纯粹，自始至终都是一种改变人们生活方式的行为，这种行为可深入到我们生活的方方面面，小到牙签、筷子、螺丝钉，大到摩天大楼、航空母舰、火箭等。**只有满足了人们的需求，才能为人们的工作和生活带来更大的便利。**

设计符合人们的需求，必然会得到人们的认可，也必然会收获相应的商业价值，所以说商业的结果和设计的目的密不可分。比如，人们现在使用的智能手机，这种电子产品在设计之初的目的就是满足人们通话的需求，因此出现了跟砖头一样的功能手机，如摩托罗拉 Dyna TAC 8000X；随着人们对手机功能和体积的需求提升，就出现了智能手机，如摩托罗拉 A6188；随着技术的革新，人们对手机的需求又发生了转变，不再满足于通话，而在拍照、社交、工作等方面有了不同的需求，这样就发展到当下的 5G 手机了，如华为 2020 年发布的 Mate 40 Pro 5G 超感知双曲面徕卡影像智能手机。手机发展过程中的代表机型如图 1-3 所示。

图 1-3   手机发展过程中的代表机型

可见，手机的发展是伴随着科技的进步，在满足人们不断变化需求的基础上而推陈出新的，同时也是为了迎合市场对其商业价值的考量。

通过上述对比大家可以发现，设计和艺术在创作目的上的差异显而易见，但艺术并非单纯表现在绘画艺术方面，很多产品经过设计后也可以成为艺术品。比如，标致 ONYX 概念车型的设计就非常科幻，看起来像艺术品，极具观赏性，但其实现量产的可行性可能并不理想。标致 ONYX 概念车型如图 1-4 所示。

图 1-4   标致 ONYX 概念车型

1.1.2   互为前后关系

艺术是通过捕捉与挖掘、感受与分析、整合与运用等方式，对客观或主观对象进行感知、意识、思维、操作、表达等活动得到的阶段性结果。[1] 这个过程或结果体现为创作者的主观行为，艺术成就的高低与创作者个人品位的高低关系密切。

设计是把一种设想通过合理的规划、周密的计划以各种形式表达出来的过程。设计是在有计划地创造，即使你没有优秀艺术家的先天艺术细胞，只要具备一定的设计技能和实践经验也可以做出很好的设计。

比如，著名设计师菲利普·斯达克（Philippe Starck）在 1990 年设计的蜘蛛榨汁机（见图 1-5），至今已经热销了 30 多年。有人说这款榨汁机更像是一个古怪的外星人。只因单纯喜欢这款榨汁机炫酷的外观，一些消费者甚至可以忽略产品本身的实际功能。纯粹为了设计而买单，这就是设计的艺术魅力所在。菲利普·斯达克在设计蜘蛛榨汁机的时候，或许纯粹是想做出一个炫酷的艺术作品，而没想过这款榨汁机会如此畅销。可见，独特的艺术是菲利普·斯达克进行设计的基础和前提。

著名的雕塑家布尔乔亚在 1999 年完成了巨型雕塑作品《母亲》，从她的母亲去世到雕塑完成，时隔 60 多年。也就是说，布尔乔亚几乎用了一生才找到这个足以象征母亲的形象——

---

① 源自德国哲学家奥尔格·威廉·弗里德利希·黑格尔创作的哲学著作《美学》。

庞大的如建筑物一般耸立的蜘蛛,强大、恐怖、不可撼动,她保护我们,也囚禁我们。创作这个作品是因为布尔乔亚生活在一个特殊的家庭,父亲背叛了母亲,母亲则忍气吞声,整个家庭始终处在背叛与纵容、出离与弥合的氛围中。母亲是一位壁毯编织工,她终日像蜘蛛一样织补劳作,补贴家用,尽力弥合着支离破碎的家庭关系。所以,布尔乔亚终其一生憎恨父亲。某些种类的蜘蛛在交配完成之后,雌蜘蛛会吃掉雄蜘蛛,布尔乔亚借此表达了自己怨恨父亲作为雄性不忠的情感。可见,雕塑艺术作品是布尔乔亚表达情感的一种形式。雕塑作品《母亲》如图 1-6 所示。

图 1-5　蜘蛛榨汁机

图 1-6　雕塑作品《母亲》

从上述两个跨越时空的作品中我们可以看出,蜘蛛榨汁机和雕塑作品《母亲》在形式表达上有异曲同工之妙，了解这两个作品的人会不自觉地将两者放在一起进行比较。但两位创作者创作的出发点其实是完全不同的：蜘蛛榨汁机是创作者为了打造炫酷艺术而设计的作品，雕塑作品《母亲》是创作者为了表达内心的情感而设计的作品。**所以，我们可以说艺术是设计的基础和前提，设计是艺术的表现形式。**

1.1.3 折射影响不同

艺术承载着人文和人性，是自由的，是精神层面的交流。艺术在本质上是一个主观的自我表达的过程，带有很强的个人色彩，甚至不以展示或审美为目的，在这个过程中没有第二者（有时甚至没有第一者）的存在，当然也没有绝对的客观评价方法或标准。所以我们说，**好的艺术需要去演绎，如果仅抛出问题用来启发别人去思考但并不给予回答，那么这种艺术只能被少数人所接受。**

比如，国外艺术家斯蒂芬妮（Stephanie）把各种废旧的物品通过巧妙的手法模拟出大自然生物生长的状态，铁罐、玻璃瓶、塑料瓶、摔破的碗碟都可能成为她创作的素材。她通过创新的表现手法，将生活中的废旧物品利用起来，甚至将其变成艺术品（见图 1-7），使其价值随之发生改变，这不禁让人赞叹不已。斯蒂芬妮想通过这样的表现形式来增强人们的环保意识。

图 1-7   废旧物品变成艺术品

设计有具体的服务对象，有严谨的策划和预想，反映的是商业战略。设计是一个让产品或服务更贴合用户的过程（这种贴合体现在审美、体验、改进等方面），它体现的不仅是个人需求，还包括社会需求。设计通过不断发现问题、不断沟通、不断改变并解决问题，让人们从中获得体验、掌握相关操作。所以说，**好的设计可以被大多数人接受，是用来激励别人的，需要被理解。**

比如，iPod 刚上市就风靡全球，消费者对该产品喜爱的程度，证明了这样简单、创新的设计非常符合用户的需求。iPod 的一款产品如图 1-8 所示。

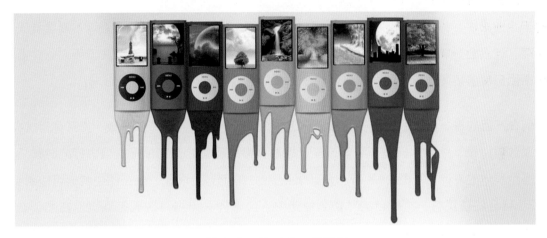

图 1-8　iPod 的一款产品

通过上述 3 个方面的对比，我们可以看出，艺术是连接创作者和观赏者的情感纽带，而设计则会为了达成特定的目的向用户传递某种信息。两者都是为了达到各自的目的展开创作，但产出的结果是截然不同的。再者，艺术是设计的基础和前提，设计是艺术的表现形式，最终两者产生的影响力也是迥然不同的——艺术是主观精神层面的交流，设计是客观的商业行为。所以，我们会发现**艺术需要用设计的方式来打造，却不一定能为用户带来实用的价值；设计可以兼顾艺术气息，同时可以为用户创造价值。**

■ 1.2　设计目标是什么

设计师分清设计和艺术的界限后，设计的方向就变得明确了，接下来找准设计目标就变得尤为重要了。杰出的概念艺术家维他利·科马尔（Vitaly Komar）和亚历克斯·梅拉米德（Alex Melamid）曾在人群中做过一项调查，调查的问题如"你最喜欢的颜色是什么""你喜欢风景画还是人物画"，然后他们举办了"完全以用户为中心"的艺术展览，但结果令人非常失望。那些作品完全缺乏创新或精湛的工艺技巧，甚至被那些接受过问卷调查的人所厌恶。

可见，**艺术是不能完全以用户为中心去创作的，因为很多用户根本不知道自己需要什么样的艺术；但设计有具体的服务对象，不能为了艺术情怀而偏离设计目标的价值**。那么，如何设定设计目标才能体现目标价值呢？

通过前面讨论设计和艺术的创作目的，我们已经知道设计的目的是满足用户的不同需求、适应时代发展的需求、不断寻求创新突破等，这些设计目标都是从产品的层面来考量的。对于企业来讲，肯定不只是为了满足用户的需求，还需要有商业上的考量，不然企业无法生存。但企业一味地追求商业价值，用户必然会慢慢流失，结果得不偿失。所以，企业在权衡用户需求和商业价值的同时，还应考虑怎样才能将设计的价值体现出来。

我们在产品的每一次改版设计中，都会设定一个小目标，如品牌形象升级、交互体验优化、流量数据增长、关键指标提升等。这些目标看似都是运营之类的指标，但执行的时候还是会落到具体的设计上。图 1-9 所示为某票务 App 的签到页设计，在左图中我们可以看到，这款 App 的首页有一个醒目的"签到抽奖"入口设计，点击可进入签到页（右图）。产品运营的目的是提升日活指标，增加签到页自然也是为了提升日活指标。如果想让用户发现并使用这个签到功能，就需要在首页中放置醒目的展示入口。这里的展示入口、签到页都要先在设计环节落地完成，设计得好不好从用户体验的反馈中就能看出来，然后根据用户反馈就可以确定接下来的优化需求。

图 1-9 某票务 App 的签到页设计

设计目标对满足用户需求的影响非常大，可设计目标仅仅是满足用户的需求吗？这才是设计师需要思考的设计目标的意义。

"增长黑客之父"肖恩·埃利斯历时十年创作的重磅之作 *Hacking Growth* 一书主要讲的

就是如何低成本实现爆发式增长，书中提到寻找用户的"Aha Moment（顿悟时刻）"。**Aha Moment 是指产品使用户眼前一亮的时刻，即用户发现产品核心价值的时刻。用户之所以喜欢你的产品并持续使用，是因为被这个"Aha Moment"所吸引。而设计目标就是通过各个流程的设计来给用户创造一个又一个"Aha Moment"**，从而不断提升产品的隐性价值。

图 1-10 所示为一个天气产品（Cats & Dogs Weather）的界面。这款产品打破了传统天气产品的基调，将天气信息同领养喜欢的虚拟宠物结合到一起，用户可以根据天气为虚拟宠物选择服饰。这款产品还选择了轻松、欢快的黄色作为主色调，给人留下深刻的印象，这让那些喜欢宠物的用户如获至宝。对用户产生的这些影响就是该产品区别于竞品的独特标识，很显然这些独特的标识就是产品在设计中所要追求的设计目标。

图 1-10　天气产品（Cats & Dogs Weather）的界面

既然设计目标是给用户**创造一个又一个"Aha Moment"，**那么落实到具体的产品设计中，我们该怎样提升产品的隐性价值呢？

■ 1.3　通过设计传递品牌价值

设计目标只有落到具体的设计上，才能提升产品的隐性价值，这种价值主要体现在产品对用户产生的影响上。具体来讲，设计目标可以是统一的视觉形象、完整的吉祥物延展、一

致的交互形式、创新的体验等，这些都需要通过设计表达出来。**产品的视觉设计和人机交**
互很容易被用户感知到，可以抢先占据用户的心智，这对用户产生的影响就是我们所熟知的
品牌价值——超越了产品本身的实用价值，也就是我们在前面提到的产品的隐性价值。

我们经常看到很多产品上赫然印着大大的 Logo，这种设计意在加深用户对品牌的记忆，
传播品牌形象。当品牌的影响力足够大时，用户似乎非常乐意为这样的设计买单，他们会
因为拥有这样具有较高辨识度品牌的产品而感到自豪。当然也有反其道而行之的产品或品
牌，无印良品就是我们非常熟悉的个例。无印良品更像一个杂货店，覆盖了衣食住行等生
活的方方面面，人们很难用某一个品类来定义它。无印良品的所有产品能传递出一种在人
们心目中有着特殊地位的感觉，7000 多种产品设计的背后呈现出简约、自然的理念。

图 1-11 所示为无印良品 2020 年人气排行榜第一的 T 恤。别小看这样一款看似普通的 T
恤，它在设计上虽然乍看很简单，但刻意采用了将"法国袖"做斜的袖口设计，在视觉上
拉长了手臂的线条。对于在乎手臂线条的女生来说，这绝对是一个贴心的设计。除此之外，
无印良品选材讲究，这款 T 恤选用天竺棉制作，就算在闷热的天气里也能让人感觉较为舒
适。而且，这款 T 恤穿在身上显瘦又显白，很多女生都喜欢。如此用心地设计 T 恤，足见
无印良品对其产品品质的追求，高品质的产品成就了品牌的价值。

图 1-11　无印良品 2020 年人气排行榜第一的 T 恤

我们需要深入到哪些细节设计才能更好地传递品牌价值呢？那些让用户产生审美疲劳的设

计，显然不能打动用户。细节设计可以是非常流畅的交互体验，迅速满足用户的需求；可以是好玩的动效或用心的设计；也可以是一句很应景的文案。我们对这些细节设计进行分类，大致包括如下 4 种。

视觉语言：由线条、形状、明暗、色彩、质感、空间等元素，遵循一定的设计原则构成的一套具有传达意义的规范或符号系统。比如，阿里巴巴的产品主要以橙色视觉形象为主，而其旗下主攻二手、闲置物品交易的闲鱼产品并没有沿用橙色视觉形象，而采用了黄色，这反倒成了闲鱼与竞品最大的区别。闲鱼产品统一的视觉形象设计（见图 1-12）让人记忆深刻。

图 1-12　闲鱼产品统一的视觉形象设计

品牌基调：由企业的 Logo、名称、广告语（Slogan）、吉祥物等延展设计，形成的一套特有的对外形象输出体系，比如瑞幸"小蓝杯"的设计。瑞幸最初设计的"视觉锤"是蓝色的鹿头，刻意和星巴克的绿色美人鱼形成对比，这样关联定位的效果就产生了。"这一杯，谁不爱"的"语言钉"便于传播。"小蓝杯"这个名字的普及度远远超过了"瑞幸"这个名字，可见"小蓝杯"品牌基调的设计是成功的。瑞幸"小蓝杯"如图 1-13 所示。

图 1-13 瑞幸"小蓝杯"

交互体验：是一种主观感觉，好学易用、准确高效、安全友好是人性化交互体验的要求。如图 1-14 所示，当我们在某款 App 中输入搜索内容时，系统就会实时匹配到相关结果（见左图），以降低我们拼错词的概率，这在很大程度上提高了我们输入的效率；当我们在表单中输入电子邮箱地址后，就得到了实时的反馈结果（见右图），这也能提高我们填写表单的正确率，不必到最后提交时才发现某处有错误，再重新填。

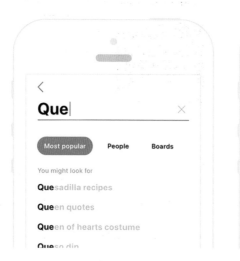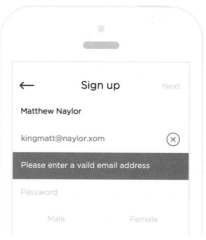

图 1-14 表单交互设计

情感化融入：从人性情感要素的 3 个水平层次（本能、行为、反思）的设计出发，旨在吸引用户的注意力、诱发情绪反应，以提高特定行为的可能性。幽默的文案、统一的图标、品牌元素的调性等都可以触动用户的情感。在图 1-15 中，左图是"饿了么"产品在没有网络时的界面，这样的设计一下子缓解了用户因没能成功加载内容而产生的失落感；右图是喜马拉雅产品"录音"功能的界面，该界面使用了拟物化设计，模拟了录音机的样子，凸显了反思层次的设计，可以触动那些喜欢录音和复古设计的用户，同时这种设计还体现了设计情怀和设计师的专业度。

图 1-15　情感化设计元素

在产品设计中，对于视觉语言、品牌基调、交互体验、情感化融入这 4 种细节设计，并不只是视觉上的主体色、Logo、吉祥物等这么简单，还要考虑人机交互、动效、情感化等设计。**遵循一致的设计规范，形成完整、统一的品牌形象输出，这就是产品给用户制造的"Aha Moment"，这样的产品不仅满足了用户的需求，同时还使用户在体验过程中对品牌产生了印记。**真正触动用户的可以是流畅的体验，可以是幽默的文案，甚至可以是轻动效。比如，很多产品的品牌基因深入人心，如阿里巴巴的橙色视觉形象、腾讯的企鹅形象、京东的数码机器狗吉祥物等，这些产品的设计，都成功塑造了品牌形象，不断刺激用户，为用户带来一个又一个"Aha Moment"。

▌ 小结

我们经常在设计和艺术之间徘徊，原因主要是没能分清两者的界限。笔者从创作目的、前后关系、折射影响 3 个方面对两者进行了详尽的比对，旨在帮助设计师更好地体会设计中的艺术情怀，进而明确设计目标，提升产品的隐性价值。产品的隐性价值主要通过视觉语言、品牌基调、交互体验、情感化融入这 4 种细节设计来表达。这些设计不断刺激用户，为用户创造出一个又一个"Aha Moment"，这样就产生了超越产品本身的品牌价值。

第 2 章

如何权衡创新设计的维度

在信息技术飞速发展的大背景下，"创新"是被提及较多的一个词，只有不断创新才能推动信息技术飞速发展。回想我们之前看过的一些演出、电影、艺术作品、工艺品，对它们的评价可能是"感觉没什么新意""跟那个什么很像""模仿了谁的什么"等。这些评价说明我们在潜意识里对创新充满期待，同时这些评价也说明我们在反思创新。人们对那些震撼人心的视觉盛宴赞叹不已，对那些神奇的"黑科技"连连称妙。可见人们对创新的期望比较高，但人们每次想将创意落地时又特别难，创意跟现实差距太大。客观地讲，不是我们不想创新，而是我们没有找到创新的方法。那么，在设计中我们应该怎么创新呢？

■ 2.1　创新设计的基础

创新是以新思维、新发明和新描述为特征的一种概念化过程，是人类特有的认识能力和实践能力，是人类主观能动性的高级表现，是推动社会进步的不竭动力。[①] 创新在经济、技术、社会学及建筑学等领域的研究中发挥着举足轻重的作用。最早提出"创新"这一概念的是著名的经济学家约瑟夫·阿洛伊斯·熊彼特（Joseph Alois Schumpeter），他在《经济发展理论》一书中，通过"创新"这一概念构建了一种与主流经济学迥异的经济理论，第一次从经济发展的角度对"创新"进行了定义。

约瑟夫·阿洛伊斯·熊彼特认为，一项新的发明或新技术的产生并不是真正意义上的创新，只有将其与产业、生产要素进行有机结合，并投入市场中，才能推动经济的发展。同时，创新的过程又是痛苦的，创新总是伴随着对既有思路的挑战和对原有平衡的打破，"创造性毁灭"就源于此。从企业的角度来讲，只有在创新出现时积极投入并尽快追赶上去，才能在产业周期变革到来时跟上变化的脚步，而真正能够做到的企业往往寥寥无几。

比如，柯达公司曾经创造了世界上的首台数码相机，但是由于管理层对胶片领域的固执坚持，没能跟上数码技术发展的步伐，加上同一时期，尼康、佳能、索尼等众多相机厂商积极拥抱数码技术，这一切使得柯达公司在市场竞争中迅速处于无法扭转的劣势地位，最终导致了它破产重组的惨淡结局。柯达公司近年推出的一次性胶卷相机，如图 2-1 所示。这是一款一次性相机，高颜值的外观、易于操作的功能使它赢得不少消费者的青睐，甚至一度成为网红产品，可见柯达公司想重新定义相机，夺回失去的市场份额。

---

① 源自美国新墨西哥大学埃弗雷特·M. 罗杰斯所著的《创新的扩散》一书。

图 2-1　柯达公司推出的一次性胶卷相机

克莱顿·M.克里斯坦森（Clayton M. Christensen）在《创新者的窘境》中提出"颠覆性创新"的理论，因此他被称为"创新之父"。在这本书中，作者认为"对于高科技企业来说，仅仅跟上快速的技术变革是不够的，企业必须从价值网的全局考虑，综合考虑用户、组织、产品和市场等多种要素，这样才能理解颠覆性创新的本质，才能防范其他企业利用破坏性技术给自己带来不利影响。"

从上述内容中我们不难看出，**创新并不是局限在我们所熟悉的交互方式、体验设计、视觉设计等浅显层面，而是把新的生产要素和生产条件结合并引入生产体系中，具体包括商业模式创新、技术创新和服务创新。**正如扁平化创新设计的兴起，先是技术革新带动商业模式产生变化，人们对过多修饰的设计产生了审美疲劳，极简的设计让人感觉更为轻松。有了这样的前提，在苹果 iOS 7 系统（苹果 iOS 6 系统采用拟物化设计）采用扁平化创新设计后，这种设计风格很快成为一种潮流，如图 2-2 所示。

约瑟夫·阿洛伊斯·熊彼特等人的观点扩展了创新设计的定义——不再局限在浅显层面，而是拓宽视野，从商业模式的转变、技术的更新迭代、服务升级等层面去推动设计上的创新跟进。这些观点也为创新提供了很好的背书，这样我们在设计中的创新就有据可依了。那么，我们如何才能找到创新的突破口呢？

图 2-2　iOS 图标的风格对比

■ 2.2　如何找到创新的突破口

《触动人心》一书中提到："创意的真谛，是在保证可用的情况下，寻求更好的表达方式。优秀的设计遵循规则，而又不会被规则所束缚。"其实，创新的设计永远都是受欢迎的，只是不要挑战基本规则。设计师喜欢对生活发表自己的创新观点，创新的基因根植在设计师的潜意识里，况且没有创新的设计也很难打动用户。所以，每次做创新设计时，我们首先想到的不是完成，而是如何在满足用户需求的基础上做出创新。这里的创新是指跳出固有思维，以有别于常规的思路为导向，将现有的知识储备和成形的物质作为基础，借助洞察用户需求、竞品分析、数据模型等方法，设计出新的形式、组合、元素等，力争收获高于旧版的有益效果。找到创新的突破口有哪些具体的方法呢？笔者总结了以下 4 种方法。

2.2.1　洞察市场风口

市场变幻莫测，如果我们没有及时洞察到市场的变化并采取必要的跟进措施，就很可能被市场淘汰。那么，市场的变化我们可能完全预测到吗？显然不可能。但是，我们可以根据市场的变化做出一些预判，从而可以先人一步做出改变。笔者在 2009 年第一次体验到 iPhone 3 的 iOS 系统时，虽然总是将系统键盘按错，但个人感觉体验起来很酷。2011 年，当笔者体验到搭载安卓系统的 HTC 手机时，才真正感觉到智能手机的发展速度有多快。紧接着 iPhone 4 诞生，小米、魅族等国产装有安卓系统的手机紧跟其后，结果大家都看到了。经历过这个阶段的设计师，如果当时不了解这两大智能系统的设计规范，就意味着跟不上前沿的设计趋势了。笔者就从那个时候开始对移动端的体验设计产生了浓厚的兴趣，发现体验设计可研究的范围比较广，甚至早已超出了设计技能的范畴。装有 iOS 系统的手机和装有安卓系统的手机的对比如图 2-3 所示。

图 2-3   装有 iOS 系统的手机和装有安卓系统的手机的对比

市场一直在变化，我们只是缺少发现风口的眼力。能洞察到市场变化跟产品的关联性的，永远是少数人。比如，我们经常看到很多老年人一大早就去医院排队挂号的场景，那么有几个人会想到做一款解决老年人挂号难这个问题的产品呢？即使想到了，你也会考虑很多不利因素，如老年人的产品不好做、目标人群比较窄、做起来比较困难等，这就导致设想无法最终落地。有些人对市场的变化很敏感，很容易发现潜在的机会；而有些人总是一副事不关己的态度，他们要是能发现什么机会的话，对那些付出很多的人来讲就太不公平了。我们要善于留意生活中的现象，多发散思维、多想解决方案，创新的机会往往就是这样被发现的。

2.2.2   挖掘用户需求

很多用户根本不知道自己想要一款什么样的产品，因为只能对已有的产品说出自己的需求，但很难对没有接触过的产品提出见解。所以，当年福特调研人们想要什么车的时候，人们纷纷表示只想要一辆跑得更快的马车，如果沿着用户需求的思路去理解，那么汽车这种交通工具或许就不会出现了。之后汽车诞生了，但不是完全根据人们提出的需求产生的，而是根据人们"想要一辆跑得更快的马车"的需求挖掘出来的创新需求。事实证明，这才是人们想要的交通工具，但对这种交通工具的需求通过调研根本无法直接获取，因此我们要深入挖掘用户的真正需求，更好地为用户解决问题。正如乔布斯所说的，只有当你把产品给用户看了，他才知道这个产品是不是自己想要的，并告诉你他对产品的想法，没有用户可以非常清楚地告诉你他需要什么。

创新的设计来源于用户，服务于用户，只有挖掘用户深层次的需求，才能有意想不到的收获。用户表现出来的需求，相信大家都能看到，关键是作为设计师的我们能不能看到需求背后所隐藏的内容。比如，用户在追求家电智能化的同时，发现家里的遥控器越来越多，这些遥控器分别用于控制电视、网络盒子、电灯、窗帘、空调等。在遥控器上随手一按确实方便了用户的生活，但这么多遥控器放在家里就会出现问题，放久没电的、莫名不听使唤的等。这时候，我们沿着提高遥控器质量的主线进行更新，显然无法帮助用户摆脱烦恼，反倒是在支持红外遥控功能的手机上设计一款全能的遥控产品，一下子就能解决用户为遥控器过多而烦恼的问题。实体遥控器和华为手机智能遥控的对比如图 2-4 所示。

实体遥控器　　　　　　　　　　　　**华为手机智能遥控**

图 2-4　实体遥控器和华为手机智能遥控的对比

2.2.3　深入剖析竞品

虽然在战略层定好要做某个方向的产品，但对于缺乏经验的团队来讲不一定能顺利落实，因为团队对没做过的产品，刚接手时都会表现出慌乱。这时候，上手最快的办法莫过于学习竞品，体验竞品能帮助我们快速了解产品的逻辑、了解不同竞品的优缺点，这样我们的心里就有底了。如果我们仅靠自己绞尽脑汁去想那些逻辑，那么结果可能适得其反。**竞品之所以能够存活下来，是经过市场检验并得到用户认可的，不能说它是最好的，但起码可以证明它是有可取之处的，所以我们在学习竞品的同时，要规避竞品走过的弯路，学习竞品的**

闪光点，寻求更优的解决方案。古人云"知彼知己，百战不殆"，全方位了解竞品，我们还怕不知道怎么去提升自己吗？

学习竞品一直都是我们做产品、实现创新的一个途径，所学习的竞品不一定是同类竞品，其范围可以适当扩大，因为只关注同类竞品的设计，会在无形中收缩我们的创新覆盖。比如，我们做资讯类产品，不能只去看资讯类产品，去体验出行产品、金融产品、社交产品等都可以，这些产品中总有我们可以学习的创新形式。这些创新形式不一定适合我们的产品，但或许可以为我们的产品提供很好的方向。图 2-5 所示为金融产品和社交产品的界面对比。左图所示的金融产品焦点区域的设计很抢眼，下面添加模块的设计形式，视觉层级突出，让人感觉非常舒服，在焦点区域添加栏目模块就可以作为我们设计资讯类产品时的参考；右图所示为社交产品的对话形式，这远比看资讯类产品里的评论和通过客服反馈之类的互动方式更能吸引用户，这种形式也可以作为我们学习的目标。

图 2-5　金融产品和社交产品的界面对比

学习竞品也不是只看体验层面的差异，还要深入剖析竞品做出差异化设计的原因，只有了解了这些，我们才能判断这些差异化设计是否适合自己学习，还有没有更好的创新形式。只有深入思考才能摸索出自己的特色，学习竞品不是让我们复制竞品的创新形式，而是为我们打开一个创新的窗口。

2.2.4 核算设计成本

创新的想法最终是要实现的，不能天马行空后却无法落地，浪费大量的时间和人力成本。团队最怕经历这样的波折——大家一起"头脑风暴"达成一条设计的主线，接着完成输出，辗转到实现层面却无法落地或大打折扣。这中间耗费的精力可想而知，团队的信心会受到严重打击。很多设计师都有过类似的经历，只是有些设计师会利用在这个过程中的收获来圆场，而有些设计师却一味地抱怨自己做了很多无用功，这两种态度对设计师能力的提升所起的作用显然是不一样的。如果我们稍微了解一点儿产品理念或技术实现的知识，就完全可以避免这样的事情发生，同时也可以有效地控制设计成本。

设计师有能力去核算不同设计所需的成本，即根据需求或自己想表达的设计形式确定需要投入多少时间、精力，这是设计师可以掌控的，但最终设计能不能落地才是设计师核算成本的关键。产品能否满足用户的需求，设计需求是否符合逻辑，技术实现到底是否可行，这些都是设计师在设计之初就可以做出的预判。所以，设计师在创新的同时就要想清楚：这样的创新是不是用户所需要的？是不是符合产品的逻辑？在技术上是不是可以实现？这样的能力对设计师而言，并不是一蹴而就的，而是在工作中慢慢学习积累出来的。具备这些预判的能力以后，设计师就能清晰地核算设计成本，把控好可行的创新形式。

图 2-6 所示为知乎登录界面，这个界面用背景插画塑造了独特的品牌调性。登录界面的元素比较少，利用大面积的背景元素来诠释产品，很容易吸引用户的眼球，从而占据用户心智。如果其他界面都按这个风格来设计，核算出来的设计成本无疑就太高了，而且在网页中这样设计，可能会带来很多适配性问题。比如，电脑屏幕的分辨率有很多种，分辨率设定得太高，在笔记本电脑或小屏幕上显示的效果就可能打折扣；分辨率设定得太低，在大屏幕上显示的效果也可能打折扣。这样的设计还会涉及需要切出整张背景图的问题，文件比较大，影响加载的速度，自然就会影响用户的体验。当然，很多人选择用整张背景图做这样的设计，毕竟这样可以带来很强的视觉冲击力，但这需要设计师根据设计成本进行权衡。

当设计师能洞察到市场上的机会，挖掘出用户的真实需求，深入剖析竞品产生灵感，并核算出设计过程中的执行成本时，创新就水到渠成了。不用抓耳挠腮地去冥思苦想创新的形式，设计师只需使用上述 4 种方法，创新的突破口就能轻而易举地被找到。有了这些方法，具体该怎么在设计中进行创新，是设计师接下来要解决的问题。

图 2-6　知乎登录界面

▌ 2.3　如何在设计中进行创新

通过前面总结的找到创新突破口的 4 种方法，设计师获取到的创新形态是多维的，体现在设计上的创新自然也是完全不同的，包括提升体验类的设计、改头换面类的迭代设计、具有很强破坏性的创新设计等。那么，你会发现，有些创新在设计上的改变很小，成本很低；而有些创新需要耗费大量的设计精力和研发经费，最后才得以实现。这两种设计的改变根本不是一个量级的。所以，我们可以将这些设计按产生的影响和投入的成本分为 3 类——**微创新、创新迭代、颠覆式创新**，这样就可以对不同维度的创新进行归类了。

微创新：表现在体验设计上的小创新。微创新从用户体验的角度改善体验设计，修复漏洞，涵盖用户体验产品的整个流程，在体验上做出一些微小的创新，从而提升用户体验的满意度，为用户创造价值。

创新迭代：多指产品重大功能改版、新设计语言发布、品牌形象升级等方面的创新。创新迭代的设计成本很高，产品体验和形象设计的改变也比较大，带来的视觉形象和体验形式的改变常常令人耳目一新。

颠覆式创新: 对现有已成形的体验设计具有很强的破坏性，属于跳跃到另一个体验维度的创新设计，完全是一种新的视角、新的体验形式、新元素的综合创新体。这种创新设计不仅可以给用户带来一种标新立异的感觉，而且在体验设计上的提升可以为用户提供突破性的视角。图 2-7 所示的画面突破了我们的感官界限，简直太精细了，即使手绘也无法刻画得这么细致。这种艺术风格叫分形艺术，是一种全新的艺术表达形式，它的画面完全是依赖编写代码而展示出来的。

图 2-7　分形艺术

2.3.1　微创新

微创新是产品小版本迭代中的家常便饭，它不仅能快速解决产品体验问题，还能带动更新节奏。所以说，微创新一直都是产品常规迭代的首选，也是产品维护的常规操作。我们的目的是在每次更新版本并让用户体验后，用户都能产生一些情感上的共鸣。那么，微创新的设计应该怎么权衡呢？笔者总结了以下 4 个维度。

数据分析

小版本迭代的优化点往往基于分析产品运营数据得出的结论，这些结论可以真实地反映用户体验产品的路径，分析出用户的行为轨迹，匹配到设备、地域、性别、年龄、喜好等因素，模拟出产品的用户画像。经过分析产品运营数据能够发现，那些放在显眼位置但访问量却很少的模块，基本上没能满足用户的需求。至于原因就有很多了，如模块交互不合理、技术实现不完善、视觉重心不聚焦等。对应具体的原因，对产品的不同模块进行微创新。产品优化上线后，再通过数据验证优化方案的合理性。这样，通过小版本迭代和创新，能解决产品的一些实际问题。

用户反馈

产品大多有用户反馈入口和同用户进行对话的机制，以便运营人员快捷地发现产品的问题和及时帮助用户解决体验中的棘手问题。用户提出反馈，说明用户对产品有一定的信任度，产品基本能满足用户的需求，但用户想得到更好的体验，所以提出了自己在使用过程中遇到的问题。这样的用户反馈比较真实，跟进这些反馈，多跟用户对话，才能发现我们在测试过程中发现不了的问题，从而解决用户遇到的实际问题。当用户发现自己的反馈受到重视后，也能对产品进行很好的口碑传播。

业务诉求

设计产品的最终目的是实现商业上的转化，这样才能保证产品的良性运营。不然连团队都养不活，又拿什么来满足用户的需求呢？所以在面对业务诉求时，我们一定要审慎对待，不是什么诉求都要"一棒子打死"，也不是什么需求都满足，要特别注意那些对用户体验产生较大影响的诉求。在充分了解业务目的的前提下，我们应适当降低业务诉求对用户造成的干扰，或许这样还能实现商业目的。而且，这也是在锻炼我们将业务诉求转化为设计需求的能力——既符合商业考量，又满足用户需求。

功能优化

产品的功能优化需要持续不断地进行，因为这是产品体验不断提升的核心要素，好比处理器、内存条、相机这些产品，从未停止过对处理能力、运行速度、画质等核心功能的优化。Google 产品一直将其获取搜索结果的速度作为一个重要的核心优化点，速度每提升一点儿，搜索结果的达成率势必会提升很多，解决问题的效率也会相应提升，那么产品对用户的价值自然也就增加了。不同产品需要持续进行的功能优化是不一样的，我们应找到自身产品需要优化的主功能，进行一些微创新，拉开同竞品的差距，用实力抢占市场份额。

微创新对产品小版本迭代的作用非常明显，可以又快又准地解决产品的小问题。图 2-8 所示为调节共享单车车座高度的不同方式。共享单车只是创新地改变了车座的调节方式，就在体验上解决了很多女性用户遇到的痛点问题。其实不仅是女性用户，有些男性用户也很苦恼这样的问题，因为按照原有的调节方式调节完，车座有时固定不紧，身体一压又掉下去了。这看似毫不起眼的微创新，却大大提升了用户骑行的舒适感。我们应从业务、用户、功能等层面多维度监测产品的运营数据，及时发现问题，迅速解决问题。也就是说，微创新的目的是不断优化产品的主要功能，在产品中融入微创新的理念能够提升产品的市场竞争力。

原有的车座高度的调节方式　　　　　**微创新后车座高度的调节方式**

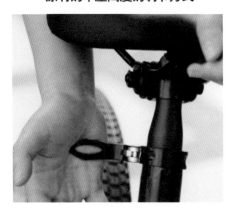 

图 2-8　调节共享单车车座高度的不同方式

2.3.2　创新迭代

产品在微创新中提升的是细微点，解决大的问题或改变形象就不能在小版本中完成了，因为所需投入的精力增多了、开发成本提高了，所以我们将这样的迭代叫作改版迭代、精益迭代、大版本迭代等。改版迭代中的创新伴随着重大功能改版、全新的交互形式、品牌形象升级等。可见，这样的版本解决的问题比较多，对创新的要求比较高，体验设计的改变比较大，需要的开发周期比较长。所以，通常我们需要规划好产品迭代的优先级，将一些冗余的内容和设计变动比较大的优化都放在这样的版本里。那么，在改版迭代中的创新应怎样权衡呢？笔者总结了以下两个维度。

重大功能改版

改版迭代不仅在于外观和交互的改变，还在于重大功能的优化。这些重大功能的优化对产品而言，意味着重大改变。针对一些比较有竞争力的功能，我们还需要组织一个正式的发布会来配合推广，这样的推广能为产品带来意想不到的增长效果，推广的关键是能够触达用户的痛点。比如微信在从 1.0 到 2.0 的升级过程中增加了语音功能，看似平淡无奇，却使微信的用户数量出现了飞速增长，因为这正是用户所需要的功能。重大功能的创新要契合产品的用户画像，围绕用户的痛点去做创新。这样做主要是为了避免出现花费很多精力开发的功能，用户却不买单的现象。否则，对公司来说不仅浪费了资源，还帮竞争对手验证了市场。所以，我们要认真审视有关产品的新功能点的创新，为用户谋福利。

全新设计语言诠释

产品在经历一段时间的市场洗礼后，常常会陷入增长乏力的怪圈，用户对产品在视觉上也会产生审美疲劳，小版本迭代的微创新已经完全无法打动用户了。这时，我们就应想办法在设计上探寻一些突破口，这些突破口主要包括视觉、交互和品牌上的创新。视觉和交互能够吸引用户的眼球、使用户产生共鸣，品牌能够印在用户脑海里成为深刻记忆。

我们经常下意识地将品牌和视觉联系在一起，这两者确实有关联，但品牌除了涉及视觉维度，还包括交互、形象、产品、企业、人文情怀等很多维度。视觉设计给用户留下印象，不代表用户能记住品牌；品牌需要通过视觉设计来表达，视觉设计会影响用户对品牌的记忆。所以，我们可以将两者放在一起考虑，同时在设计中进行创新，基于品牌的调性探索一种合适的视觉形象，唤醒用户对品牌的情绪。产品在体验设计方面的创新，需要同品牌结合起来，形成一套统一的设计语言，视觉、交互、品牌的延展也都围绕新的设计语言而展开，这样的创新有据可依，并非为了好看而进行设计。图 2-9 所示为携程品牌为体现国际化做的全线形象改版，该品牌在产品体验上遵循了 Material Design 规范，定义了全球统一的品牌形象规范，因此它还获得了 2019 年度 Google 设计大奖 Material Design Award 中的通用性（Universality）大奖。

创新迭代采取微创新中施展不开的大动作，可以一次性解决更多的问题、做更大的创新，但需要投入更多的时间和人力成本。这时候规划好开发更新的节奏就显得尤为重要了，在不耽误开发节奏的前提下，我们应稳步做好重大改版的规划。重大功能改版、品牌升级、全新设计语言诠释都可以在规划中进行探索。那么，除了微创新、创新迭代，我们还能做出什么创新呢？

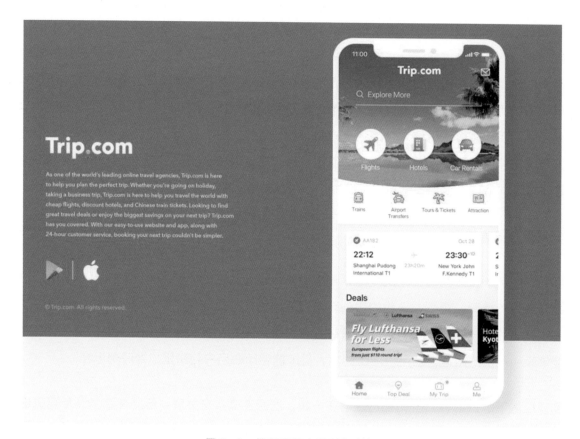

图 2-9　携程品牌全线形象改版

2.3.3　颠覆式创新

产品中的问题都可以靠版本迭代来完成，这些创新都基于已有的设计做延展。如果我们一直按照这样的方式去创新，就不会出什么错，但肯定不会带来革命性的突破，更不会给用户带来颠覆性的体验，与之相应的是用户开始逐渐出现审美疲劳，产品陷入增长乏力的窘境。因此，我们要进行一些具有颠覆性的创新，使产品具有新的功能，为用户创造新价值。那么，我们应如何进行颠覆式创新呢？笔者总结了以下 3 个维度。

符合现实世界人的习惯

实现颠覆式创新先要考虑是否符合现实世界所形成的体验习惯，这也是尼尔森交互设计原则的第二条——系统是否符合现实世界人的习惯（匹配场景原则）。现实世界所形成的习惯是创新的基础，如果脱离了这个基础，创新就失去了价值。

图 2-10 所示为饮水机的冷热水阀门设计，左边为热水阀门，右边为冷水阀门。如果在创新中调换两个阀门的位置，后果可想而知。或许你会认为这样是在限制创新的范围，其实这样是为了更好地进行创新。譬如甲方让你设计一部手机，然后不告知你任何要求，作为设计师的你该如何下手？iPhone 手机问世的时候，直接丢掉了物理键盘，只保留一个 Home 键，之前已有这样的技术，但并未普及。这个创新的体验并没有颠覆用户已经养成的体验习惯，因为用户都是通过按键来操作手机的，iPhone 只是将很多按键变成了一个按键，输入信息时所使用的物理键盘变成了数字键盘。虽然这样的创新符合现实世界中人们使用按键输入的习惯，但它是颠覆性的，因为这是技术提升才能带来的改变。

图 2-10　饮水机的冷热水阀门设计

技术被颠覆了，引用新技术

《创新者的窘境》一书中有这样一句话："每种技术的发展由慢到快，再到发展至瓶颈，另一种颠覆式的技术会悄悄萌芽，并替代上一种技术。"技术的改变所带来的发展，就是一部人类发展史。我们经常抱怨某网站的运行速度太慢，打开的时候甚至会出现各种不兼容的情况。了解技术的人员会发现，这些网站大多还在使用一种被淘汰的名为".net"的技术，所以自然跟不上发展的节奏了。2010 年，PHP+MySQL 的技术组合一出来，就引发了"千团大战"，一天有上百家团购网站诞生，这就是现在被使用得比较多的动态网页组合方案，这种方案可以快速搭建小型网站。

近几年发生的很多事情都离不开新技术的发展。比如 AI（人工智能）、VR（虚拟现实）、AR（增强现实）、OCR（光学字符识别）、人脸识别技术等，每种新技术在产品端的实现都会带来颠覆式的创新。技术创新需要通过对不同终端的浏览体验进行创新来实现，如双屏、折叠屏、超大屏终端设备的体验设计肯定是不同的，这些创新都是颠覆式的。因此，在设计中进行颠覆式的创新会因为新技术的驱动而突然爆发，也会因为旧技术被淘汰而消失。贝壳的 VR 看房体验、全局看、三维模型，以及装修前后对比效果，如图 2-11 所示。

图 2-11　贝壳的 VR 看房界面

阻挡不了趋势，接受新玩法

"物竞天择，适者生存"，达尔文的进化论强调了趋势的力量，不跟随就会被淘汰。市场竞争很残酷，只会为那些能跟上时代步伐的产品"开绿灯"。比如，微软的 Metro 在被推出的时候，市场反馈很不好，不少用户觉得缺少相关细节，虽然 Metro 想引领趋势，但没能赢得市场；后来，Google 的安卓系统嗅准了趋势的味道，果断地抛弃了 Holo 的设计风格，进而采用创新的 Material Design 语言，安卓系统带来的创新体验赢得了用户的一致好评，产生的涟漪效果也颠覆了设计师对用户操作反馈的认识。

市场在向前发展，新玩法不断涌现。周鸿祎开创了 360 杀毒的免费模式，导致杀毒软件市场怨声载道，甚至断送了很多企业的财路。O2O 的崛起，使一家没有线下实体店的店铺可以在线上赚得盆满钵满。借助大平台的优势，通过线上运营完成销量，这已经成为实体经济增收的一种新玩法，我们不能再用传统的眼光去看待。电商领域已出现新玩法，如微商、社群、叮咚到家等；共享单车、汽车、充电宝、儿童推车、雨伞等，催生了共享经济的新玩法。可见，随着时代的进步，新玩法层出不穷，真是"不怕实现不了，就怕你想不到"，每一种新玩法带来的创新也是颠覆式的。图 2-12 所示为 Google Assistant 帮助用户打电话预约，这个人工智能助手就像一个真正的私人秘书一样在和接线员对话，可以帮助用户预订机票、叫车等。

图 2-12　Google Assistant 帮助用户打电话预约

当我们将"创新"这个天马行空的概念落到实处，分拆到微创新、创新迭代、颠覆式创新这 3 个维度上时，就会发现创新并不像我们想象中的那么捉摸不定。我们进行创新完全可以分步走，小到细微的点，大到整体改版或完全震撼到用户的前沿技术。但一切的创新都要建立在现实世界已经形成的设计准则之上，如尼尔森交互设计原则（总结了 10 条经典的交互设计原则）、古登堡图（用户阅读顺序的规律）、米勒定律（7±2 法则，人的记忆容量规律）、接近法则（距离远近对用户影响大小的规律）等。这些准则可以帮助我们站在用户的角度将创新更好地落到实处。

■ 小结

创新跟设计紧密关联，有序、有效地进行创新远比我们胡思乱想更加实际。做创新先要解决的是寻找如何做创新的方法，之后采用正确的方法，将我们的创新进行合理的细分，这样创新就变得切实可行了。

谁也不愿意被时代淘汰，我们不仅要关注屏幕内的事情，还要关注屏幕外的事情。学习创新可以拓宽视野，为我们注入趋势的血液，从而掌控设计趋势中的变与不变，最终进行设计的创新迭代。在新技术、新玩法、新趋势的推动下所诞生的产品最终都要回归到以人为本，挖掘用户的本质需求，改善产品的服务，只有这样才能真正实现在设计中进行创新，同时这也是未来的设计趋势。

第 3 章

设计中台的搭建技巧

近年来，"中台"这个概念被炒得火热，各大互联网企业争相优先开始布局自己的中台生态，积极探索可以布局平台的产品和高效的研发模式，提高企业应对市场变化的反应速度，增强整合资源协同的能力。为了便于理解，我们可以把互联网看作一个大中台，大家都需要在这里获取信息，而同样的信息又可以为很多人提供帮助，这样信息就产生了商业价值，大家可以在这个平台上互相协作，共赢共生。但对某个企业、产品或团队而言，定制化信息才有价值，这时互联网的宽泛中台就有了一定的局限性。所以对企业而言，组建自己的中台体系才能更好地推动业务发展，这是企业级的。那么，深入到设计层面，"怎样搭建中台体系来提高设计协作能力"就是我们要探讨的主题。

■ 3.1 中台与设计中台

在搭建设计中台之前，我们有必要先了解一下中台的概念。这需要从一件事说起：2015年，腾讯CEO（首席执行官）马化腾带队拜访芬兰游戏公司SuperCell时发现，这家公司仅以两百多名员工的人力开发了数款风靡全球的爆款手游，一年创收二十多亿美元，人均贡献一千多万美元，如此高效的产出居然得益于公司的中台设计。中台将游戏开发过程中公共和通用的游戏素材、算法整合起来，为小团队提供研发的工具和框架，支持数个小团队在短时间内开发一款新的游戏，然后通过严格的测试和淘汰机制，使得每款游戏都能经受住市场的考验，并保持持久的生命力。这让马化腾受到了很大的启发，他在公司上下引用大中台、小前台的组织战略，掀起了互联网公司中台的热潮。中台对企业来说非常重要，那么中台到底是一个什么东西呢？图3-1所示，SuperCell开发的在全球都比较热门的几款游戏，想必至少有一款是你所熟悉的。

图 3-1　SuperCell 开发的游戏

图 3-1 SuperCell 开发的游戏（续）

3.1.1 中台的概念

中台是一个比较新的概念，不少设计师对与这个概念相关的内容关注得其实不多，因为中台的概念主要被应用在技术模块。简单来讲，**中台是企业级能力的可复用平台**，我们要注意图 3-2 所示的 3 个关键词。

图 3-2 中台关键词

- **企业级平台:** 代表了中台是多面覆盖、统筹全局的顶层机制，而不是单一系统或服务体系。

- **发挥能力:** 打通不同维度的信息，将业务、技术、算法、数据等各式各样的能力组合成企业的多维能力网，同步协作推动各项工作高效展开。

- **可复用:** 中台的核心价值所在，是企业更敏捷、以更低成本运转的精髓。

通过以上 3 个关键词，我们可以看出中台的作用有多大，可以想象中台能为企业节约多少开发成本、降低多少人力投入、提高多少工作效率。但我们看到的中台都是业务、技术、算法、数据等，这跟设计中台又有什么关联呢？

3.1.2　设计中台的概念

设计中台解决的是设计问题，可以提高设计效率；中台解决的是企业问题，可以提高工作效率。经过对比，我们发现只是设计中台的范畴缩小了而已。设计中台这一概念的产生主要源于现在的设计工具越来越多，进而才显现出其重要性。而且，设计中台在互联网大厂里早已出现，如阿里巴巴的 DPL（Design Pattern Library）就是一套详细的设计样式控件库，它把交互规范、视觉规范、前端代码融合到一起。在平台上选择界面中的一个图标，设计师就可以看到图标的大小、位置、代码等信息；设计师和工程师可以根据需要直接下载切图，大大提高工作效率。

- 对设计师来讲，可以不断复用规范里的通用样式，设计的统一性和效率自然都能得到很大的提升。

- 对工程师来讲，可以直接获取到样式代码，这样不仅能降低开发成本，还能根据需要选择切图，准确查看具体的标注数据，提升 UI 还原的精度。

了解情况的设计师肯定会说："这不就是蓝湖（一款可以实现产品文档和设计图共享的平台）吗？"设计师将设计好的文件上传到蓝湖，开发人员可以直接看到对应的代码和切图，项目组的所有人都可以看到设计的成果。确实如此，蓝湖给设计师所带来的便利，促使了设计中台的搭建。

设计中台（在 2015 年的时候，阿里巴巴和腾讯就开始使用这个概念了）是将设计流程中的问题，经过规范后搭建有能力可复用的产品的平台，这跟企业复用平台一样，只不过这里针对的是设计层面，是设计规范产品化的一种体现。也就是说，我们从所有的业务设计中梳理出可形成统一规范、可复用的设计样式，并将这些样式设计成灵活的通用组件。其中，包括交互、视觉、UI、GUI（图形用户界面）、原型、规范、源文件等设计，它们都是设计流程中统一规范的可复用的节点。这样搭建的设计中台可以在很大程度上提升团队协作、统一规范、云端协同、高效输出等方面的能力，可见设计中台对设计协作的影响有多大。

现在你对设计中台的概念应该没那么陌生了吧？既然设计中台这么好，为什么以前没有设计中台的概念呢？

▎ 3.2　设计中台是如何产生的

中台的概念虽说是近几年才被提及的，但并不是说以前就没有中台的存在，在企业的不同业务线中它一直都存在，只是解决问题范围的广度不同而已。比如，后端工程师利用开源组件快速部署一个后台系统、前端工程师在新建页面中嵌入通用的 DIV+CSS 控件、设计师将源文件存储到项目共享文件夹的行为，都是在协作或复用文件，属于中台解决问题的范畴，只是现在中台的功能更加强大而已。那么，为什么近几年才开始搭建设计中台呢？

这主要是因为设计师所使用工具的变化，也就是 Sketch、蓝湖的普及。现在设计界面使用 Sketch 的设计师越来越多，这款软件的优点很明显——运行起来很轻便，不像 Photoshop 那么笨重，占用内存很小，关键是上传蓝湖很方便。而在 Sketch 被普及之前，设计界面的软件主要以 Photoshop 为主，连切图和标注都需要设计师自己完成。

蓝湖就是一个类似于阿里巴巴 DPL 组件库的平台，设计师把设计文件传上去，可以直接分享给所有人查看，相关技术人员可以直接打开界面样式，找到对应的代码和切图。当然，你将设计文件上传至摹客，也能实现同蓝湖一样的功能，你还可以制作原型，摹客的功能类似于蓝湖。图 3-3 所示为蓝湖上的项目界面。

图 3-3　蓝湖上的项目界面

那么，利用 Sketch、Photoshop 等软件上传文件至蓝湖或摹客就算是搭建设计中台吗？当然不是，蓝湖和摹客只是我们搭建的设计中台的一部分，因为设计过程中还有很多问题需要解决。比如，找不到设计的源文件就是一个大问题，试想一下，当需要利用主视觉文件来做所有延展设计的时候，却发现主视觉文件丢失，那将多么无助。如果只是简单的色彩或形状丢失也就罢了，就怕那些经过多少轮评审才得以最后定案的主视觉，设计师自己都数不清做了多少版本，整理的时候很容易删错了。在这种情况下，难道要重新设计一遍主视觉吗？是不是很抓狂？设计成本一下子就提高了。

或许有人会说，每次都把源文件放到云盘上不就丢不了了吗？这确实是一个好习惯，但这些源文件在本地存储都很乱，难道放到云盘上寻找起来就会很轻松吗？再者，将这些源文件依次下载下来也需要花费大量的时间。所以，将源文件直接放到云盘上的方案并没有那么高效，我们需要找到查询、上传、下载、协作、更新都很便捷的产品才能提高自己的工作效率。而搭建系统性的设计中台就可以解决设计师找不到设计的源文件、不清楚设计规范、不了解产品流程、没有设计思路等问题。那么，我们应如何搭建设计中台呢？

▌3.3　如何搭建设计中台

搭建设计中台的主要目的是提高设计师的工作效率，解决设计工作中经常遇到的以下问题。

- 设计规范不统一。

- 重复做相同的设计。

- 找不到设计的源文件。

- 在设计中进行创新的思路较难达成。

    …………

要解决上述这些设计问题，我们就应拿出切实可行的方案，这些方案不是让我们去开发一个设计平台，而是让我们去探寻具备相应功能的平台，我们一旦将这些平台的功能合理地利用起来，就可以搭建解决设计问题的中台。所以，我们首先要根据团队的需要，选择适合搭建设计中台的平台，然后再开始建立设计项目、设计规范、设计源文件等。**笔者将这个过程分为以下 5 步。**

- 选择合适的平台。

- 建立设计项目。

- 建立设计规范。

- 建立设计源文件。

- 建立设计情绪板。

3.3.1　选择合适的平台

可以解决设计问题的平台有很多，功能上也有所差异，我们应选择有利于团队业务开展的平台。比如，用于实时文件共享的平台 BitTorrent，团队的设计文件可以上传到这个平台上，大家可以做到实时查看，非常高效，它能够为团队解决文件存储的问题。但这个平台更新版本后，当添加用户时容易出现问题，有点小遗憾，这使得我们不得不探寻更好的平台。

再就是大家熟悉的蓝湖或摹客，利用这两个平台我们可以直接关联设计软件上传文件，这样既方便自己查看，也方便团队成员及开发人员直接使用，因此这两个平台成为不少设计师选择的主流平台。蓝湖比较早进入公众的视野，优先掌握了市场的主动权，很多团队接触这个平台比较早，而且这个平台推出的设计规范云功能也比较受欢迎。但后来蓝湖改变了运营策略，规定只要超过 10 个人或超过 10 个项目就要收费，所以为了方便后期项目的快速迭代，有些团队将新项目迁移到了摹客上。摹客通用版在 100 人或 100 个项目以内都免费，基本能满足团队的需求，而且在这个平台上还可以在线设计原型，这在无形中拓宽了设计适用的广度。当然还有不少设计师使用 Figma，同样可以达到在线设计、多人协作的效果。

团队设计规范建立在蓝湖的设计规范云功能上，笔者的团队一直在持续更新中，规范的组件库很强大，即使摹客后来也上线了设计规范功能，但因为组件规范太多了，所以笔者的团队没有再建立摹客的设计规范。

蓝湖和摹客可以解决很多设计问题，但二者都有点分散，而且设计文件管理和团队协作时效性有点差。后来笔者的团队觉得石墨文档比较好用，该文档的功能确实很强大，整个团队都可以实时同步协作，但传输设计文件比较麻烦，所以在笔者的团队中没能推广成功。最后笔者的团队探寻到一款集成办公协作类产品"飞书"（字节跳动旗下的企业协作平台），飞书实现了三端（客户端、App 端、Web 端）产品实时同步，非常方便。别看这是一款办公类协作平台，但真正解决了团队协作中的实质问题。图 3-4 所示为蓝湖、摹客、飞书3 个平台的 Logo。

图 3-4   蓝湖、摹客、飞书

3.3.2   建立设计项目

蓝湖和摹客都具备快捷上传设计文件的功能，这是平台最初吸引我们的地方。我们只需要安装好对应平台的插件，就可以将设计文件直接上传到平台上，分享给项目组的相关人员。当然，有些企业有自己独立的平台，不必一定上传到蓝湖或摹客上。比如，我们在前面提到的阿里巴巴的 DPL 组件库，就可以实现类似的功能。

要想上传相关项目，在设计的时候，就需要将切图的内容编好组，如文字信息之类的都是灵活呈现的，填色之类的尽量少使用图片等，这些内容都可以非常方便地上传到平台上，而且开发人员可以查看可编译的代码并直接复用，进而大大提高工作效率。如图 3-5 所示，我们的一个项目在摹客上可以直接查看对应的代码，点击需要切图的地方，还可以看到图片信息，并下载所有密度的切图。

直接建立设计项目给我们带来的便利可想而知。项目组的相关人员都能看到设计文件，大家不仅能方便地查看所有记录，而且可以减少很多沟通成本，设计师不用单独去做标注和切图，工程师根据需要可以直接引用代码和切图，这大大提高了团队的工作效率。设计师跟项目组的相关人员沟通的设计中台算是建立好了，但设计规范应该怎样建立呢？

图 3-5　团队上传到摹客上的设计图

3.3.3　建立设计规范

设计规范对统一整个产品的设计风格、保持对外品牌形象的一致性尤为重要。没有严格的设计规范，很难确保不同设计师在设计相同产品时的设计风格一致。所以，设计规范在多人完成大型项目、新设计要求风格统一、新设计师了解产品、业务线沟通设计方案等方面所发挥的作用不言而喻。

每个团队都有自己的设计规范，早先以图片的形式来展示，便于设计师参照对比，但这种设计规范很难直接复用。而蓝湖的设计规范云和摹客建立的设计规范，是可以直接复用源文件的。我们可以在安装完规范的插件后，直接在 Sketch 中选中需要整理的通用模块并添加到设计规范中。不管是创建还是使用设计规范都很方便，这是以前根本实现不了的，关键是规范的模块在后续的设计中可以直接复用，所以这也使得设计效率大大提高。图 3-6所示为蓝湖的设计规范云，每个通用组件都可以直接拖曳到 Sketch 中引用。

设计规范涉及项目中所有需要统一规范和可通用的模块，如颜色、文本、图标、组件等。但设计规范不是确定后就一成不变了，设计的需求在不断发生变化，设计趋势也在不断发生变化。比如，波普风、孟菲斯、2.5D 插画等风格已对设计产生一定的影响，如果再沿用旧的设计规范就要被淘汰了，所以要想让设计规范发挥作用，就应该持续更新迭代。设计规范建好后，接下来应如何建立设计源文件呢？

图 3-6   蓝湖的设计规范云

3.3.4   建立设计源文件

设计源文件是从软件中保存下来可编辑、可引用、可直接用于印刷的文件。设计源文件可以记录设计师设计的过程，保留可编辑的所有图层，和我们发给客户用于预览和评审的导出图不一样。设计源文件普遍比较大，特别是利用Photoshop制作的用于印刷的位图文件，动辄上百兆甚至达到几千兆，这就使得设计源文件的传输和存储都成了问题。如果设计源文件丢失，会对后续的设计延展、修改、更新等工作造成很大的麻烦。所以，保存和管理好设计源文件非常重要。我们通常不会每天带着 U 盘上下班，而且设计人员工作的属性，使其经常在下班后接到紧急项目，没有源文件还真不行。

为了解决上述问题，我们尝试了很多方法，如前面提到的使用 BitTorrent、存放到云盘等，但这些方法都没能在团队中得到广泛推广。直到我们发现飞书上的云文档功能，使用这个平台相关功能的方法在团队中很快就推广开了。大家都觉得这个产品的设计体验很好，上传文件、下载文件的速度特别快，可见其技术很成熟。项目的设计源文件上传后可以指定通知相关人员，文件预览和查找也非常便捷。关键是无论在哪儿，我们都可以通过 App、电脑客户端或网页直接查看并提取到需要处理的设计文件，这就大大提高了工作效率。图 3-7 所示为我们在使用飞书云文档的一部分共享项目设计文件。

飞书的云文档功能分为"我的空间"和"共享空间"，团队的项目文件可以放在"共享空间"中，以方便团队参与协作的人及时发现更新的文件，这样团队成员可以在平台上针对具体的文件进行沟通。以前我们都是通过社交软件来沟通和传输文件的，但制约因素太多，如看不到文件、传输速度慢、无法打开文件预览等。飞书基本解决了上述问题，设计中台的搭建又完善了一步。此外，设计师还需要经常寻找创意、记录灵感、搭配颜色等，这就要求搭建的中台具备情绪板的功能。接下来，我们再来看看如何建立设计情绪板。

图 3-7　使用飞书云文档的一部分共享项目设计文件

3.3.5　建立设计情绪板

情绪板是能将设计师的想法和提出的概念形象化的画板，它在设计领域很流行。与线框和原型不同，情绪板不显示未来项目的详细图片，它意在传递正确的情绪，并对产品充满期望。

情绪板是一个有用的工具，它可以帮助设计师有效地与客户、团队成员进行沟通。情绪板可以在一个紧凑的时间框架内轻松地被建立，并把抽象的想法变成现实。利用情绪板，设计师可以有效地向他人分享自己的想法，因为情绪板表达出来的设计肯定比描述性的想象要好得多。

飞书上可直接添加即时设计和摹客应用，这两种应用都可以实现在线设计原型、记录设计创意、沟通设计想法。即时设计还可以直接选择新建，记录设计想法。

使用情绪板是一种很好的方法，可以用来试验调色板、字体和风格，以及规划一个项目的视觉层次。在情绪板中，每个人都可以决定设计文件包含哪些组成部分。UI/UX（用户界面 / 用户体验）设计师通常使用各种样本来描述界面元素的特征。即时设计的高保真设计（见图 3-8），在跟业务线的讨论中就能被设计出来，清晰地显示产品流程的思维导图。

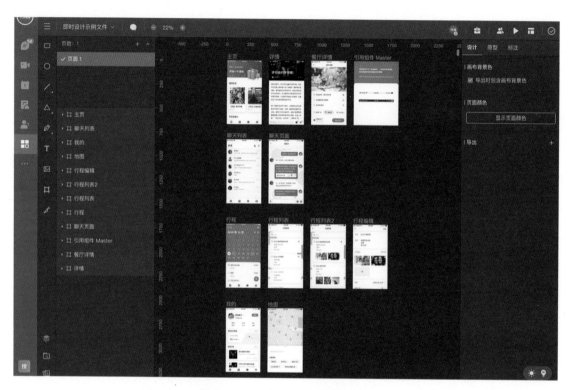

图 3-8　即时设计的高保真设计

可见，情绪板具有节省大量的沟通时间、实时记录灵感、迅速调试配色方案、灵活展示等优点，这比我们只顾埋头苦干做方案高效多了。而且，飞书上集成了即时设计和摹客这些应用，这样我们在中台上的操作就能得心应手。

至此，我们将设计中经常遇到的棘手问题，如设计项目、设计规范、设计源文件、设计情绪板等，都在设计中台中解决了。我们用到了蓝湖、摹客、飞书等，这样肯定不如利用一个平台解决全部问题效果好。或许你已经发现了飞书的强大之处，我们完全可以直接借助飞书中的即时对话、云文档、即时设计等应用搭建设计中台，为团队解决设计问题，大大提高工作效率。在飞书上因更新文件而发送的即时对话框如图 3-9 所示。

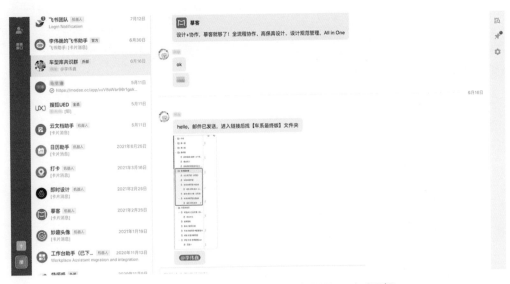

图 3-9　在飞书上因更新文件而发送的即时对话框

▮ 小结

中台变成各大互联网大厂发展的推进器，不仅可以节约成本，还能大大提高工作效率，所以我们可以搭建设计中台，解决设计过程中的问题。本章所介绍的搭建设计中台的平台，也是笔者所在团队正在使用的实用工具。根据自己团队的业务需要，你可以选择适合团队的平台，搭建强大的设计中台，减少很多复杂的沟通环节、提高设计效率、管理好设计项目、规范产品设计风格等。

- 建立设计项目，不仅可以给团队成员使用，还可以作为情绪板展示、供团队相关人员学习使用等，充分发挥设计中台的作用。笔者所在团队的新人都是这样了解业务线的设计的。

- 设计规范的更新一定要及时，旧项目的设计规范有变化或有新项目一定要及时上传更新。如果设计规范不及时更新，就无法体现其作用。

- 建立设计源文件，便于后续对设计项目的延展、修改、更新等，也方便对设计项目的管理和新设计师的学习。

- 建立设计情绪板，尽量让设计师尝试着多去表达自己的想法，提升其对产品的理解和个人能力。

第 4 章

产品设计中经常被忽略的仪式感

仪式感对我们来说并不陌生，生活中有各种各样的仪式，如在春节、情人节、端午节、劳动节、中秋节、国庆节、周年纪念、升职加薪、金榜题名等日子，我们会采用不同的方式去庆祝或纪念，为平淡无奇的生活增添乐趣或记忆，从而让自己懂得如何去热爱生活、关心身边的人，进而发现生活的意义。凡·高曾说：**没有什么是不朽的，包括艺术本身。唯一不朽的，是艺术所传递出来的对人和世界的理解。**仪式感所传递出来的价值被传承下来，并被拉进历史的长河中，同时你也会发现，仪式感在人类文明进步的过程中被逐步完善，对人们的认知、行为和情绪产生巨大的影响。

笔者感触比较深的莫过于奥运健儿们登台领奖的仪式，这种仪式让笔者备受感动。在那一刻，笔者能感受到奥运圣火的生生不息，奥运精神在一代代人心中传递，这种精神支撑了多少奥运健儿在跌倒时勇敢站起来，他们的付出也在为自己赢得认可。人们对运动员的尊重往往无法用言语来表达，因此通过颁奖仪式，以表达对运动员付出的认可和敬佩。反之，如果没有这种仪式，奥运精神的传承力度就会被削弱，对观众和运动员的共勉力也会降低，可见这种仪式对奥运精神的影响有多大。

生活中耳熟能详的仪式还有很多，如建筑设计中的雕塑、主体建筑、走廊、留白等，又如汽车设计中的动态灯光、自动化升降设备、娱乐系统等。如图 4-1 所示，奥迪 Q7 与丹麦顶级音频品牌 B&O 合作，汽车启动时音箱自动升起。每种仪式都在传递不同的价值，那么仪式感又是怎样同设计相结合的呢？这就是我们要探讨的在产品设计中经常被忽略的仪式感。

图 4-1　奥迪 Q7 启动时音箱自动升起

■ 4.1　仪式感设计的概念

仪式感在不同场合会有不同的表现，如宗教祈祷里表现出的虔诚、社交礼仪中表现出的谦让、祭奠默哀中表现出的悲痛、茶道仪式中表现出的文化底蕴等。每种仪式都折射出参与者认真对待的态度及对事态的尊重，这些可能会能影响我们生活的许多方面。所以，**仪式可以概括为由不同的圈层组织，为某些重要时刻或重大事件而进行的规律活动形态，参与者以庄重的心情"精心设计并完成"某件事的过程，同时对这个过程赋予了神圣的价值和精神传承。**

不同的仪式决定了不同的人群、场景、时间等客观因素，仪式的形态各不相同，每种仪式的设计都不是空穴来风，而是经过人为精心策划的，背后都有自身的文化底蕴。比如，中国传统婚礼上的拜天地、拜父母、夫妻对拜等仪式，同西方教堂里神父主持婚礼的仪式就完全不同，这体现了东西方文化的差异，但同样都能表达出婚姻的神圣纯洁和人们对新人的美好祝福。结婚的仪式传递出人们对美好生活的向往；信仰和祈祷的仪式洗涤人们的心灵，表达内心的虔诚；登台领奖的仪式彰显了赢得荣誉的高光时刻。每种仪式折射出的内容殊途同归，无不在传递精神，使参与者产生共鸣。

斯坦福大学商学院组织行为学教授奇普·希思在《行为设计学：打造峰值体验》一书中，描述了如何做仪式感设计来打造峰值体验，详细说明了打造峰值体验的四要素（见图4-2），以及打造峰值体验的最佳时机。仪式感峰值体验四要素的内容如下所述。

欣喜：仪式感让人印象深刻，心情愉悦，为平淡无奇的生活增添无限乐趣，这种体验让用户专注、享受、干劲十足、憧憬生活。

荣誉：仪式感展现出了体验过程中的高光时刻，荣誉价值可使用户的口碑爆棚，引发用户分享传播的行为。

认知：仪式感背后的文化底蕴让人看清事物原貌、恍然大悟，用户因突破原有的认知、收获新认知而喜悦，这是成长的幸福感。

连接：仪式感传递的精神价值，连接认知一致的群体，连接社会性的重要时刻，连接趋同的文化理念，使用户感觉到紧跟时代的步伐。

图 4-2　仪式感峰值体验的四要素

上述四要素将仪式感设计这个概念的深层价值总结了出来，让我们对仪式感有了更深刻的认知，开始认真思考仪式感带给用户的难忘的感受。仪式感可以传递出具有影响力的能量。如果在产品的设计中加入仪式感设计，用户使用后就可以使其产生情感上的共鸣，从而带给用户更好的体验。那么，这样的体验会给用户带来怎样的影响呢？又能给产品带来什么好处呢？这才是我们权衡在产品中要不要做仪式感设计的关键所在。

■ 4.2　产品的仪式感设计对用户的影响

在各类产品同质化日益明显的今天，可以创新的空间越来越小，而用户对产品体验的要求却越来越高。设计师在设计中加入仪式感、为产品赋能，可以带给用户完全不一样的体验，从而成为连接用户情感的纽带。

产品中的仪式感是设计师对体验设计的一种态度，不仅会影响用户的体验，还会影响用户对产品的依赖，这就体现出仪式感设计的价值。**仪式感设计的实质是给用户的体验过程增加一些心理感受和附加值，使用户可以感受到产品中蕴含的文化理念、品牌理念，唤起用户内心强烈的认同感，从而实现用户对品牌的认同。**笔者从用户体验收获的感受这个角度，将产品中的仪式感设计对用户的影响归纳为 4 个方面：尊重感、荣誉感、期待感、品牌感。

4.2.1　尊重感

在社会的大潮流中，我们经常找不到自己的存在感，而只能感觉到自己的性格或形象缺乏特点，不能被人所熟知，甚至得不到一些本应公平对待的机会。在马斯洛需求层次理论中，尊重的需求被提到了次顶层，每个人都有自尊和希望受到别人尊重的需求。为此，很多人在校期间就努力读书，并考取那些大众认为优秀的职业，如医生、律师、公务员、注册会计师等，以提升自己在社会中的存在感，从而赢得更多人对自己的尊重。那么，那些没好好读书的人就不能得到尊重了吗？显然不是这样的。每个人的优势和喜好不尽相同，因此人生道路也是千差万别的，"屌丝"逆袭的励志故事尤其能赢得别人的尊重，因为那些成果是逆袭者通过自己的努力付出而得到的。相比社会大环境，用户在体验产品过程中的身份同样需要被认同、被尊重。

在体验产品的过程中，当用户感知到被尊重时，对产品的使用黏性自然就会提升了。用户在首次使用产品时，往往会看到产品附带了很多精心设计的教程。这些教程可以帮助用户快速上手使用产品，使用户产生被认真对待的感觉。这就好比我们看展览，讲解员帮我们认真地做讲解，我们就会产生被重视的感觉。仪式感在产品中给用户营造的尊重感有很多，如图 4-3 所示，设置不同的会员模式就是一个很好的例子，同时这种模式也是产品商业化的盈利点。

图 4-3　产品的会员界面

4.2.2　荣誉感

人们对于荣誉的追求往往远胜于金钱，因为荣誉要付出数倍于常人的努力才能获得，不是花钱就能买到的。正因如此，荣誉才显得弥足珍贵，也才更能赢得人们的认可和崇尚。在马斯洛需求层次理论中，自我实现的需求被放在了顶层，自我实现是一个不断超越自我、收获更高荣誉的过程。

获得荣誉的过程不单单是为了实现自我的超越，更多的是为了获得群体的认同。这里的群体涵盖的范围比较广，可以是工作圈、专业圈、兴趣圈等。既然是群体，就说明有很多人，获得荣誉感不能只表现为自我层面的进步，还要跟群体中的他人进行比较，甚至还需要群体对这种比较的结果进行评判，在这个过程中的竞争更能体现荣誉的价值。所以，荣誉感的设计在产品中的体现更能引发用户的共鸣和追求。

在产品的体验设计中，为了提高日活跃用户数、提升用户对产品的黏性，产品中不乏各种体现用户荣誉感的设计。比如，每天登录送积分奖励，完成不同的任务派发不同的勋章，对不同阶段的用户给予不同的身份象征等。成就达成页的界面设计体现了用户所获得的荣誉，如图 4-4 所示。这些都是在产品中使用比较多的，可以让用户在体验过程中收获满满的荣誉感，同时也比较容易让用户产生心理上的共鸣。

图 4-4　成就达成页的界面设计

4.2.3　期待感

期待感自带一种对生活憧憬的感觉，期待结果的过程心绪复杂，期待越高，失落感越强，降低期待，反倒能收获意想不到的惊喜。好比买彩票，抱着玩的心态，期待能收回成本就好了，后来却中了大奖的案例不在少数。对于意外惊喜，笔者无法言表，毕竟没经历过。反之，很多人期待太高，抱着必须中奖的心态买彩票，到最后反而什么也没中，这种感觉笔者倒是知道。做仪式感设计，就是指在看到结果之前故意渲染气氛，给用户制造一些羁绊，让用户不由自主地产生期待感。

期待感是指在用户的心里产生与现实的落差，以承载用户对产品的期待与想象。而这种期待与想象的意义和价值恰好体现了人们对生活的付出与热爱，使人们尽力去抓住每一个美好的瞬间。比如，笔者每次拆快递的时候都满怀期待，心里想着"商品会不会物超所值、商家会不会送我小礼物或送我优惠券"，整个拆快递的过程，期待感爆棚。又如，现在盲盒经济异常火爆，消费者都期待抽到隐藏款，一旦开启购买的模式根本就停不下来，商家抓住消费者的这种心理，更不可能让大家轻易地抽到隐藏款。

产品的仪式感给用户营造期待的氛围，让用户产生情感上的共鸣，体现了产品在设计上对用户的关注和理解。在体验设计中，呈现内容都有一个加载过程，等待时间长短同加载内容多少、信号强弱、设备运行内存等关系密切。用户在等待过程中很可能不耐烦，因此设计师可以在加载内容的过程中设计一些加载动画，以缓解用户的焦虑，同时还可以让用户产生期待感。图 4-5 所示为在设计中进行创新——将杰克逊的舞步作为加载动画。

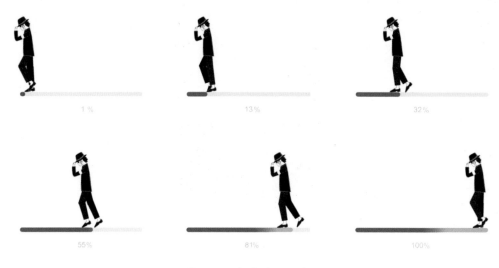

图 4-5　加载动画设计

4.2.4　品牌感

产品的仪式感设计可以给用户留下深刻的印象，之所以如此是因为产品能解决问题吗？显然不是的。用户之所以对产品有印象，是因为产品具有一定的辨识度，也就是产品所具有的品牌价值。我们对一个传统的产品有印象，首先是被它的精美包装所吸引，其次才是产品的品质。所以，传统的产品都特别注重包装，以有效区别于竞品。具体来讲，品牌感是指在设计中注重同消费者之间的互动、塑造场景仪式感、融入文化传承的属性、采用现代工艺流程、加入当下流行元素，以及体现品牌文化等。这些设计的内容反馈到用户脑海中就是品牌印记。

产品中高辨识度的仪式感设计可以使用户产生瞬间记忆，有效地提升品牌辨识度，增加产品价值。而做产品的仪式感设计，首先要在遵循品牌理念和品牌定位的基础之上，符合品牌战略方向，把握用户的心理，从而占据用户的心智。仪式感不单单局限于产品本身，在提升产品附加值的同时，还可以将运营策略与产品的仪式感相结合，从而营造产品的使用场景，全面立体地打造产品的仪式感。

品牌辨识度是用户对产品产生记忆的基础，在产品的仪式感设计中可以加入很多区别于竞品的独有元素，如有故事性的画面、幽默风趣的文案、无微不至的细节、互动的体验细节等。将品牌设定为一个大 IP 化的吉祥物，并在此基础上做系列 IP 动态延展就是经常被引用的一个案例。图 4-6 所示为阿里巴巴不同品牌的 IP 设计。

图 4-6　阿里巴巴不同品牌的 IP 设计

做仪式感设计，让用户得到群体的认同、受到特别的尊重、收获满满的荣誉感，引导用户对下一步充满期待，给用户留下品牌的烙印，大大提升用户活跃度和对产品的黏性，这正是运营人员在产品运营中梦寐以求的。那么，我们应如何在产品中做仪式感设计呢？

▌ 4.3 如何在产品中做仪式感设计

在产品中做仪式感设计，不同行业产品的差异很大，不同产品为用户提供的解决方案不同，使用场景千差万别，所以在设计上没有标准的答案，但可以有一套行之有效的设计流程。要想在产品中做仪式感设计，还要结合用户使用产品的场景来考量，这就需要从用户体验过程的心理变化来挖掘。

用户体验产品，首先从产品提供的功能入手去解决相关问题，其次在视觉交互设计的引导下进行正确的操作，最后提供结果反馈。用户在体验产品的过程中，其心理是不断发生变化的，好的体验设计能给用户带来正向反馈，不好的体验设计也能给用户留下深刻的印象，结果却是用户流失了。那么，如何进行仪式感设计才能留住用户呢？笔者认为可以通过以下 3 个步骤进行产品的仪式感设计（见图 4-7）。

图 4-7　仪式感设计的 3 个步骤

规范化体验流程——我们发现仪式感设计体现为一个有秩序的流程，从产品视角来看，可以看作逻辑清晰的规范流程，反馈到设计上呈现出渐进有序的体验流程，从而为打造仪式感的瞬间埋下伏笔。

独特的视觉传达——设计是对生活的写照，产品中的仪式感设计就是对现实世界的模拟。现实场景中的仪式感具有明显的视觉呈现特征，辨识度非常高。这在设计上表现为独特的设计语言，以形成有效区别于竞品的特征。

渲染体验的情境——仪式感设计打造了一种情境模式，这样的模式给人一种代入感。比如，酒吧的音乐、灯光、色彩等装饰渲染了娱乐的情境，吸引了不同喜好的消费者；电影院通过空间、荧幕、灯光渲染观影的情境，给人营造出一种独特的沉浸式观感。产品中的仪式感同样需要通过设计渲染出一种情境。

4.3.1　规范化体验流程

用户在体验产品的过程中会发现很多规范的流程，这些流程形成了一个个有仪式感的瞬间。当想打开手机的时候，用户先要进行按键、指纹识别、面部识别等操作，或者进行手势解锁、数字解锁等操作，这不仅是为了安全着想，也是经过规范的流程在打开手机的瞬间，使用户感受到一种进入的仪式感。这种体验在很多方面都能体现出来：礼物一定要精心地包装起来，才能让收到礼物的人感到惊喜；白酒包装的打开方式要遵循有序的操作，才能从酒瓶中倒出酒来；红酒通常要用木塞子封口以达到让瓶中的酒慢慢发酵和成熟的目的，进而使得红酒的口感更加醇厚、浓郁，同时打开红酒还需要用到工具并配合正确的方法。这些规范、有秩序的体验方式，恰恰体现出仪式感设计。那么，在产品中应该怎样设计这些有秩序的体验流程呢？

设计有秩序的体验流程，需要从用户使用产品的体验习惯中去挖掘，了解用户在使用产品的过程中，哪些是富有仪式感的操作，比如易用性、等待加载、高光时刻等体验流程，设计师应将这些记录下来以设计规范的体验流程。

挖掘用户使用产品的体验习惯的过程，意在让设计师从现有的用户体验中去做创新，又要求设计师遵循用户既定成熟的体验习惯，这就是挖掘体验场景的难点所在。设计师不能盲目地对用户的各个体验节点进行规范优化，否则就没有什么逻辑可言了。仪式感设计的初衷不是降低用户体验产品的效率，而是提升用户体验产品的效率和传递品牌价值。设计师可以从体验中的**引导用户、陪伴用户、留住用户**这 3 种场景进行仪式感设计，如图 4-8 所示。

引导用户　　　　　陪伴用户　　　　　留住用户

图 4-8　规范化体验流程的场景

引导用户：这是体验产品的第一步，用户打开产品的方式就是开启引导的一个切入点，要快速帮助用户了解产品并进入体验状态，给用户留下良好的第一印象。手势解锁、启动页、引导页、新手教程等都可以作为用户对产品的一种体验方式，这些具有仪式感的瞬间，可以很好地引导用户进入体验状态。

陪伴用户： 每当有客人来，主人都会热情地向客人嘘寒问暖，这样才会让客人有亲近感，不然客人就会感觉受到了冷落，这和用户体验的道理一样。设计师引导用户进入体验状态后，接下来还要同用户进行互动，用户的每一步操作都能得到反馈，这才是对用户最好的陪伴。加载中、进度条、刷新动画、转场动画等都是给予用户的具有仪式感的反馈，这些反馈可以有效减少用户因等待而产生的焦虑。

留住用户： 这种场景彰显了用户对产品的黏性，体现了产品的价值，通过这种场景可以使用户保持对产品的依赖。我们要挖掘产品能让用户聚焦的瞬间，展现易用性的操作和预见性的流程、进行持续性投入的引导等。颁发勋章、结果呈现、签到流程、积分奖品等设计都是能让用户对产品产生黏性的设计，体现了用户的高光时刻，实现了对用户持续性投入的引导。

我们可以从用户体验的场景中挖掘需要规范体验的仪式感设计，引导用户采用正确的打开方式，陪伴用户进行实时互动，体现用户的高光时刻，设计用户能感知到的预见流程，提升用户对产品的黏性。图 4-9 所示为快递支付流程界面，在整个支付流程中，用户先对订单信息进行确认，确认没有问题再输入支付密码进行支付，然后系统显示支付中，对支付结果给予反馈，每一步都能拨动用户的心弦。那么，挖掘用户规范体验的瞬间，该如何设计才能传达给用户呢？答案就是，设计师在产品体验流程中增加用户心理预设的环节。

图 4-9　快递支付流程界面

4.3.2　独特的视觉传达

产品中的很多仪式感设计是对日常生活场景的模拟，在产品中塑造具有现实感的场景，同时赋予该场景一些象征性的意义，让用户联想到类似的生活场景，使用户产生共鸣，唤起用户心中的仪式感。比如音乐产品的界面设计，播放音乐的界面被设计成胶片、磁带、CD 等形式，模拟早先的听歌场景，向经典致敬，提升用户的参与感，使其对听歌产生强烈的预期。播放界面的视觉设计将生活中的元素进行了符号化设计，使得用户产生了共鸣。接下来，笔者从生活仪式联想、视觉元素提炼这两个方面来介绍独特的视觉传达。

生活仪式联想：设计来源于生活，产品中的设计是对现实生活的反映。大到内容呈现的卡片式设计，用户感觉是在翻一本书；小到一个图标的设计，看到齿轮图案的标志用户就知道是设置图标，看到星形图案的标志用户就知道是收藏图标。设计一旦脱离了生活，就会给人带来困扰。产品中的仪式感设计是对现实生活的写照，这样才能将仪式感传达给用户。比如支付宝的蚂蚁森林，用户做出步行、地铁出行、在线缴费等行为，就会减少相应的碳排放量，并获得相应的蚂蚁森林能量，这些能量可以用来在支付宝中种一棵虚拟的树。这棵"树"长大后，公益组织、环保企业等蚂蚁森林生态系统的伙伴们可以"买走"它，而在现实某个地域种下一棵实体的树。用户对"树"的种植、照顾过程跟现实生活中种树的过程如出一辙，完全就是对现实生活中种树仪式的一种联想。

视觉元素提炼：对现实生活中的仪式进行视觉设计，不是简单地进行场景复制，而是要从中提炼出有特点的视觉元素。好比我们画人物，应先找到人物的特征，是脸大、眼睛大、嘴大，还是有其他显性特征？抓住特征刻画一下，人物就能表达得非常神似。提炼出的视觉元素不仅要美观，还需要将体验的易用性有效地传达给用户。我们见过太多的刻画精致的设计，雕梁画栋、富丽堂皇，但这样反而会给用户的体验造成困扰。我们应该对生活元素进行解剖，提炼出符号化的设计元素，塑造出仪式感的体验设计，引导用户的视觉聚焦。图 4-10 所示为线上抽奖转盘界面，转盘中间的箭头指向奖品的按钮，这种设计采用提炼线下抽奖的视觉符号的方式，可以引导用户快速参与。

视觉元素提炼可以将用户体验场景的主体有效地传达给用户，其中不仅要对生活仪式进行设计的联想，还要对相关元素进行符号化设计的提炼，只有这样才能塑造出产品中的体验场景，形成视觉聚焦，引导用户进行正确的操作。视觉设计将体验场景的主体传达给了用户，那么如何才能提高用户对产品的预期呢？这就是接下来设计师要做的——进一步对主体的情境进行渲染。

图 4-10　线上抽奖转盘界面

4.3.3　渲染体验的情境

视觉设计将体验场景的主体传达给了用户，这虽然满足了用户对产品的预期，但设计师要想进一步提高用户对产品的预期，还应营造出体验的氛围，通过有趣的设计形式，渲染体验的情境，刺激用户行为和情感上的变化。渲染的方式不能被简单地理解为打点环境光、放点烟花、做出质感等，而应体现在很多设计层面，如有意思的文案、IP 延展的设定、趣味性设计等，这些都能在一定程度上渲染出体验的情境。笔者将渲染体验的情境分为 3 个层面：趣味性设计、品牌延展设计、前沿元素的引用。

趣味性设计： 这种设计的范畴很广，如有趣的文案表达、独特的视觉交互、个性化的处理等，都能渲染出独特的体验氛围，使用户的视觉聚焦，进而使用户迅速进入体验的情境。在产品的设计中精选一些有意思的文案，往往能使用户产生共鸣。比如抖音的推广文案"附近美女向你发来了一段抖音视频"，通常情况下可以赢得用户的会心一笑，使用户加深对产品的品牌记忆。

突破呆板的设计方式、设计有趣的呈现方式、引用独特的交互、做些个性化的处理等，都能让产品区别于竞品，并从众多的产品中脱颖而出。这些设计更能体现产品的用心程度和对待用户的态度，从而受到用户的青睐。如图 4-11 所示，咕咚产品深受运动人士的喜爱，它可以从专业角度为用户制订合理的运动计划，然后根据用户的实际情况适当调整。也就是说，用户可以只选择想要实现的目标，在锻炼时 App 会跟踪进度，为用户制订锻炼的计划，帮助用户达到最佳的锻炼效果。这种设计就像随身携带了一个健身教练，用户可以根据自己身体的需要养成个性化的锻炼习惯。

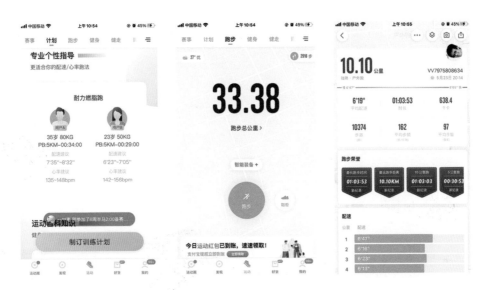

图 4-11 咕咚产品的功能界面

品牌延展设计：产品的价值输出需要落地才能体现出来，品牌形象就可以承担这个重要的角色，产品变成了品牌与用户进行对话的桥梁。品牌可以在不同方面与用户建立联系：在设计上，通过预设独特的 IP 形象使用户产生记忆、引起用户的共鸣；在产品上，通过对 IP 形象进行延展，并应用到产品的界面中，凸显出一个个具有仪式感的品牌记忆点。产品中可以增加有趣内容的输出，进行品牌形象延展，渲染出别致的体验瞬间，以提升品牌的自身价值与格调。比如，阿里巴巴旗下的家居家装产品"躺平"，号称家居业的"小红书"，主攻小家具用品的 UGC 社区，是一个分享居家好物、进行社区交流的平台，通过独特的 IP 化设计来预设品牌形象，生动地诠释了产品的价值观。躺平，是一种姿势，也是一种生活方式，这样的品牌形象形成了自有的文化输出，也形成了独有的体验仪式，从而可以更好地提升用户对产品的黏性，增加用户对产品的持续投入。"躺平"产品的默认页设计如图 4-12 所示。

前沿元素的引用：新技术的诞生可以改变甚至颠覆整个世界，在这个创新变革的时代，各种前沿技术争相更迭，稍不留神，有人就会被社会淘汰。在电影《肖申克的救赎》中那个怀里揣着鸟、刑期满了却千方百计想继续服刑的老头 Brook，出狱后无法适应外面的生活，第二天清晨就在房间里自杀了，自杀前在门栏上刻了"brook was here"，这是他留给这个世界最后的印记。后来出狱的 Red 看到了这一幕，幸运的是他有好朋友 Andy，这位好朋友为他带来了生的希望。可见，跟不上时代的步伐有多可怕，谁也不愿意被这个时代淘汰。

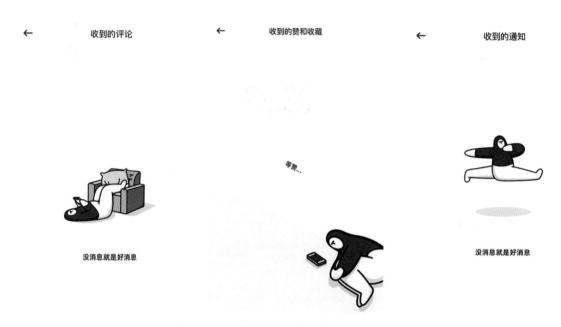

图 4-12 "躺平"产品的默认页设计

AI（人工智能）、AR（增强现实）、VR（虚拟现实）等新技术在现有的互联网领域已经得到了一定的普及，在汽车、银行、旅游、快消品等行业都有不同形式的应用。除此之外，这些新技术在产品设计中也得到了普遍应用，如智能手机拍照的智能算法、登录账号的智能识别、各种应用中的智能推荐算法等，这些应用增加了产品与用户之间的互动次数，增强了体验设计中的仪式感。比如，5D 电影、VR 看房、VR 游戏等，这些都是应用前沿技术的表现形式。VR 游戏设计，大大渲染了体验的情境，增强了用户操作的仪式感，如图 4-13 所示。

渲染体验的情境增强了场景的代入感，拓宽了现实中仪式场景的范围。渲染的方式不应局限于视觉的表现手法，而应突破传统的桎梏，着眼于未来。增加趣味性的创新设计、有趣的文案、品牌 IP 化形象的预设、时尚元素的引入、新科技的应用等表现手法，无不在更好地渲染体验的情境，增强与用户互动的关联性。

图 4-13　VR 游戏设计

▍ 小结

随着互联网的快速发展、市场的不断细分，不同产品针对不同群体、不同场景的不同需求应运而生。但每个环节不是孤立的，视觉、交互、场景、用户是具有联动性的，在产品中经常被忽略的仪式感设计跟这些环节也是紧密相连的。仪式感不是简单地增加趣味性设计，而是用心整合营造具有仪式感的情境。

笔者首先介绍了仪式感峰值体验的四要素——**欣喜、荣誉、认知、连接**，然后将这些要素放到产品和用户身上，**尊重感、荣誉感、期待感、品牌感**这 4 种影响相应产生。最后，笔者将这些影响落到具体的设计中，总结了产品仪式感设计的 3 个步骤，先挖掘产品设计中规范化体验的流程，再提炼出独特的视觉传达，接着渲染体验的情境，建立用户与产品的联系，使用户产生共鸣，增加产品的输出价值。

第 5 章

发挥情感化设计的纽带作用

说到情感，人们会先联想到爱情、亲情、友情等，很少有人会将情感与设计进行关联。在生活的不经意间，我们常常会因为一句文案、一组动作、一幅图画、一处风景而动容，这是情感在不经意间的自然流露。情感是人们对客观事物能否满足自身需求所表达出来的一种态度。现代社会的生活节奏很快，情感的交流不再限于接触、见面等形式，人们还可以通过互联网上不同的产品进行情感交流。相比见面的情感交流，想象中的场景多少会让人产生一些隔阂，但这些不足可以通过情感化设计来弥补。

唐纳德·A.诺曼（Donald A. Norman）在《设计心理学 3：情感化设计》一书中，对设计与人类情感的紧密联系做了详尽的阐述。在一些电影中，经常出现惩奸除恶、伸张正义的英雄人物，他们会得到观众的认可，尤其是他们在打败反派的那一刻，观众的情绪被推到了顶点，大快人心。当正义没能战胜邪恶的时候，观众往往会表现得很沮丧，在哀叹中陷入反思。电影情节的跌宕起伏使观众的情绪忽高忽低，一步步勾起观众的观影欲望。这是我们比较常见的情感化设计在影片中的体现，那其他的设计形式是怎样影响用户情感的呢？大自然的奇景让人叹为观止、匠人打造的手工让人感慨万千、各类产品中隐藏的那些惊喜让人激动万分，生活中像这样让我们无法忘怀的瞬间数不胜数。既然影响情感的设计形式有这么多，那么情感化设计到底是什么呢？

图 5-1　设计心理学系列图书

■ 5.1 情感化设计是什么

关于情感化设计，并没有比较权威的官方解释，按字面意思理解，就是情感通过设计的表现形式来传递，进而影响用户的感官，引发用户情感上的共鸣，唤醒用户潜意识中的喜好。一句贴心的文案、带有趣味性的默认图、简简单单的动效都能引起用户的情感共鸣。在《设计心理学 3：情感化设计》一书中有这样的解释：情感化设计旨在抓住用户的注意力、诱发情绪反应，以提高执行特定行为的可能性设计。这个过程我们可以理解为**用户通过产品的某些功能、自己的某些操作行为或者视觉本身，产生情绪上的唤醒和认同，最终对产品产生某种认知，在心目中形成独特的定位。**情感化设计成为产品与用户对话的纽带。

《设计心理学 3：情感化设计》一书中还提到，我们更喜欢与人交流而非机器，要让产品对于用户而言具有足够的亲切感，产品应该富有趣味性且易于理解、操作。唐纳德 · A. 诺曼认为："**将情感融入产品设计，可以解决长期困扰设计师们的难题，即化解产品的实用性和视觉性之间的主要矛盾。**"他从设计的 3 个层次（即本能、行为、反思）出发，阐述了情感在设计中所具有的重要地位和作用。

5.1.1 本能层次设计

本能层次设计的基础是人的本能，人可以对好坏、安全或危险迅速做出判断，并向肌肉发出信息。人的本能属于情感处理的起点，完全由自身的属性决定。本能层次的主要支配因素是视觉、听觉、触觉，往往就是人看到产品的第一感觉。

5.1.2 行为层次设计

行为层次是指人的行为表现，即人利用所学到的知识去解决问题。反馈到产品层面，表现为产品设计的合理性和易用性，而这两个方面的内容其实都需要设计师从用户的行为习惯中去提炼，并符合高效解决用户问题的正确导向。产品设计的合理性和易用性主要表现为产品功能好、操作简单、引导清晰、以用户为核心。由此，我们就可以做使用户产生共鸣的情感化设计。

5.1.3　反思层次设计

反思层次不同于本能层次和行为层次，而是上升到思想层面，直击用户的内心深处。反思是在本能和行为的基础上进行催化而迸发出来的火花，没有本能和行为就不会到这一步。反思层次的主观性比较强，同用户的文化水平、个人经历等因素都有关联。所以说，反思层次的设计，应反映用户心理的多维情感，表现在产品中的设计形式当然也是包罗万象的。

在产品的情感化设计中，本能层次、行为层次、反思层次这3个不同层次的设计应环环相扣、相互影响。 没有哪一种设计可以跳出这3个层次，这3个层次为我们理解和做情感化设计指明了正确的方向，如图5-1所示。人类的情感非常丰富，在面对产品的时候不再是简单的使用与被使用的关系，而是有互动、有反馈、有温度的情感表达。情感消除了用户与产品之间的隔阂，拉近了彼此之间的距离，这是用户能切身感受到的真实影响。那么，情感化设计到底能起到什么作用呢？

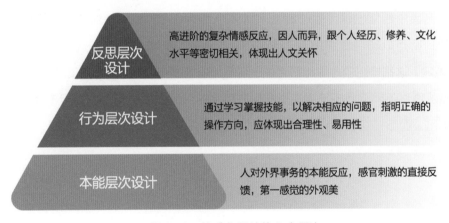

图 5-1　情感化设计的 3 个层次

▌ 5.2　情感化设计的作用

情感化设计是以用户的情感作为设计的基石，以期待用户和产品产生情感上的关联。当产品的某些功能触及用户内心，同用户产生情感上的互动时，情感化设计的价值就体现出来了。在 iPhone 手机未成为市场热点之前，大家所使用的主流手机还是在物理键盘上做创新。当 iPhone 手机推出了使用虚拟键盘代替物理键盘，将更多空间留给了屏幕，只保留了一个 Home 键，并结合其他体验上创新的 iOS 系统时，体验情绪像被唤醒了一样。当然，情感化设计在产品中的表达对用户的影响远不止转移情绪这么简单，笔者将情感化设计的作用归纳为以下 4 个方面。

5.2.1　转移用户的负面情绪

用户在体验产品的过程中，因为互动场景带来的结果不同，所以会产生不同程度的负面情绪。比如，用户提交不了表单，一遍遍尝试却得不到反馈；用户登录账户时，多次被提示"密码错误"而无法进入；网络连接正常，用户却发现加载不出内容，不断被提示"找不到网络"；用户被产品的体验设计惊呆了，完全不知道该怎样进行下一步操作等。这些状况都将直接影响用户的情绪，至于会造成什么样的后果，完全取决于用户的心情或该产品对于用户的不可替代程度。产品应满足用户的需求，不应给用户增添烦恼。所以，利用设计来帮助用户解决问题，未尝不是一个特别好的解决方案。

情感化设计可以转移用户对问题本身的关注，由问题所产生的负面情绪自然也会得到缓解。比如，产品中经常出现页面加载慢而需要等待的情况，用户在这个过程中会产生焦虑的情绪，设计师可以利用情感化设计与用户建立连接，如加载动画、进度条、趣味文案、IP 形象延展等，这都是比较好的缓解用户焦虑情绪的情感化设计形式。如果产品中出现"404提示"、默认页、无网络状态等容易影响用户情绪的页面，设计师可以利用不同形式的情感化设计来优化。图 5-2 所示为保险类产品的默认页设计，即使没有信息呈现，用户也能被这种精心的设计感染到。

页面休息了，请稍后再试~

被你难住了，换个词试试吧~

保单空空如也，生活不太安全哦~
赶快咨询保险师，给你全方位保障！
保险咨询

图 5-2　保险类产品的默认页设计

5.2.2　引导用户的体验行为

用户在体验产品的过程中，当路径过长时，经常忘记自己身在何方。在 PC 端网页上，设计师可以用菜单提示用户当前所处的位置，这样用户不用刻意地去记忆也能清楚自己所处的位置。人类大脑的记忆可分为短期记忆和长期记忆。短期记忆又被称为工作记忆，记忆的内容通常是为完成任务而临时存储的信息，一般只保留几秒，而用户体验在不断向前推进，因此前面信息的记忆就容易出现断层。人的情绪可以影响体验中的感知、决策，甚至记忆，所以设计师可以利用情感化设计引导用户进行无阻断的体验行为，以减轻用户的记忆负担。

在表单设计中，比较常见的是分步操作流程，每一步的操作流程界面需要做什么，总共需要几步完成，这些内容都清晰可见，它们可以引导用户进行正确的操作。笔者之前也体验过很多调查问卷的设计，但都不知道什么时候能填完问卷，给自己造成了不小的心理负担。分步设计不仅能减轻用户的心理负担，还可以行之有效地引导用户的行为。引导用户行为的设计还有很多，如很多产品在用户完成任务准备退出时，都会引导用户做出体验反馈，用户此时的心情一般都不会太差，这样的转化很容易达成。图 5-3 所示为以宠物为 IP 形象的一款天气类产品，该产品针对新用户做了一整套清晰的提示引导设计，这种设计可以大大降低用户的学习成本。

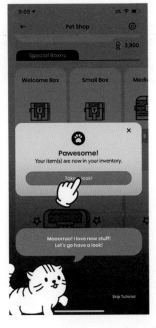

图 5-3　针对新用户的提示引导设计

5.2.3　投射用户对品牌的认同

产品为用户提供了解决方案，用户将问题解决以后就这么走了吗？什么也没有留下，好像从没来过一样？产品和用户之间难道就只有服务与被服务的关系吗？好比人与人之间的关系，有些人注定只能成为别人生命中的过客。出现这种情况，是因为缺少了一根维系情感的纽带，产品与用户之间一旦建立情感上的连接，在用户的内心就能沉淀出对产品形象的感知。产品解决问题的效率、同用户建立互动的频次、给用户带来意外惊喜的大小等，都能影响用户对产品形象的评价。产品形象是一点一滴建立起来的，这些点滴组合在一起就形成了品牌，用户对品牌的认同才是产品追求的价值所在。

比如，最早对支付宝的认识，用户认为它只是促成淘宝交易的支付工具，后来支付宝发展成为一个资金的担保平台，用户不确认收货，商家就不会收到货款。如今用户即使确认收货，7 天之内也能享受无理由退货（部分商品不能享受），支付宝平台也会将退款第一时间先行垫付给用户，这大大增强了用户对支付宝平台的信任感。安全、诚实、守信的品牌形象被一点一点植入用户内心，用户相信这样的平台，因此支付宝后来在推出余额宝功能时收获了巨大的成功。产品的情感投射在用户心中的形象是对品牌的认同，是那种安全、值得信赖的认同，会让用户产生极强的忠诚度。图 5-4 所示为支付宝网站界面设计，它的设计总是以用户为重心，为用户提供安全可靠的产品信息。

图 5-4　支付宝网站界面设计

5.2.4　提升产品的气质

用户与产品之间不应只停留在冰冷的使用与被使用的关系上，互动引导、情感交流、实时反馈这些都可以有。情感化设计赋予产品特有的气质，如稳重、可爱、安全、幽默等，这些气质匹配用户的气质，就更容易使产品同用户产生情感上的连接。"道不同，不相为谋"，人们往往喜欢与志同道合的人为伴。情感化设计为产品塑造气质也是一样的道理，只有当产品触及用户内心时，彼此才能产生情感上的互动，这些互动表现在点滴的细节设计中。用户通过这些细节设计可以感受到产品的温度，产生愉悦和喜爱的情感。

产品的气质使产品不再冰冷，有了温度和格调。很多产品都在不遗余力地体现这样的气质，它们的 Logo 自带喜感。比如，看到最右、皮皮虾、内涵段子等产品的 Icon（图标），用户不必打开产品就能感受到它们内在的欢乐气质。品牌 IP 形象的延展也是一个不错的思路，阿里巴巴动物园令人印象深刻，基本每个产品都有独特的 IP 吉祥物。各大产品的节日换装也是典型的情感化体验设计，尤其是在重要的节假日，重运营的产品都会致力于打造浓厚的节日氛围，在视觉上引起用户的情绪变化，使用户的情绪同产品的气质完美融合。如图 5-5 所示，一些产品在欢度新春佳节时，对 Logo 进行了节日氛围的情感化设计，瞬间提升了品牌气质。

图 5-5　对 Logo 进行节日氛围的情感化设计

情感化设计连接用户的情感，对用户和产品的影响是双向的。情感化设计在转移用户负面情绪的同时，还引导用户进行一些完全不一样的体验；用户在反思层次形成记忆点，可促使产品的形象气质进一步提升，最终使用户提高对品牌的认同感。这是情感化设计在产品和用户之间产生的连锁反应，是从用户感官刺激直接反馈的本能层次，到引导用户与产品进行交互的行为层次，再到体现品牌价值的反思层次。由此可见，情感化设计对产品和用户的影响非常大。那么，如何在产品中做情感化设计呢？

■ 5.3　如何在产品中做情感化设计

情感化设计涉及的方面有很多，似乎只要能连接用户情感的设计方式，都可以称为情感化设计。但设计师体验到的多是"东一榔头，西一棒槌"的散点，没能形成系统性的设计认知，这就给设计师做情感化设计带来了一定的阻力。笔者看到很多分析情感化设计的方法多从本能层次、行为层次、反思层次这 3 个层次来入手，但设计要落到具体的点上。比如，用户被产品的 Icon 设计吸引，这体现了情感化设计的本能层次的内容，但 Icon 设计只是本能层次中的一个点，连接用户情感本能反应的设计点还有很多，如品牌形象 IP 的延展、插画设计、趣味性的表达等。接下来，笔者从情感化设计的 3 个层次着手，深入挖掘可设计的点，以形成情感化设计的发力点。

5.3.1　本能层次设计——感官上的直接反馈

本能层次由生物因素决定，是对感官刺激的直接反馈。本能层次的设计体现为人对外界事务的本能反应，这一层次的特征是视觉、听觉、触觉是主要的支配因素。用户看到一件精美的产品，心生喜欢就想下单，这是出于本能——选择好看的。对应到产品层面的设计多表现在视觉外观上，因此设计可以从视觉情感化设计入手。

视觉情感化设计若使用户产生情感共鸣，就需要抓住几个特征：**抓眼球、潜意识、第一感觉、首因效应**等。

做视觉情感化设计，设计师首先应从产品本身来切入，通过对用户、场景、产品属性的提炼，找到适合产品的情感关键词，明确设计的主线，不应漫无目的地仅为了追求好看而做设计，要基于产品的气质去做设计。然后，设计师应围绕情感关键词做品牌形象的升级、定义全新的设计语言、增加趣味性设计等。比如，设计师在设计中经常模拟现实场景做情景化设计，这样不仅能吸引用户的视线，还能让用户身临其境地感受到真实的场景。如图 5-6 所示，天气类产品应用场景的界面设计就是一个很好的例子。天气类产品应用场景的界面设计，不仅可以清晰地展示天气的场景，还可以采用扁平化的手法来展示现实世界的场景，营造出一种高品位的产品气质。一致性的设计视觉语言强化了品牌形象，这样的视觉情感化设计可以成功地俘获用户的"芳心"。

图 5-6　天气类产品应用场景的界面设计

5.3.2　行为层次设计——引导行为的潜意识

行为层次设计，顾名思义，指以用户的行为为中心进行设计。用户可以通过设计的内容迅速掌握操作技能，与之对应的就是产品的合理性、易用性，设计师应使产品在功能、使用和操作上都尽量符合用户的心智模型。用户通过体验产品而做出及时性、显现性、精准性、超预期等评价，并与产品建立情感上的连接。

行为层次设计连接用户情感主要表现在**可用性、功能性、效率性**等方面。

行为层次设计是刻意的，但用户被设计影响却是潜移默化的。如果用户被设计师的设计吸引而不知道接下来该如何做，那么设计师就需要反思一下设计的真正目的了。导航地图类产品算是比较复杂的产品，但用户却能轻松上手，跟随正确的指引，甚至根据语音导航提示就可以到达目的地。笔者记得第一次玩《王者荣耀》这款游戏的时候，感觉好复杂，颠覆了之前玩游戏所建立的简单认知。但后来发现这款游戏针对新手做了详尽的指引教程，笔者根据指引教程慢慢摸索着就能进入游戏跟小伙伴们对战了，还挺有成就感。这就是行为层次设计的魅力所在——在潜意识中引导用户的行为，触达用户的情感。产品设计的及时反馈，如进度流程提示、夜间模式等设计，都能反映行为层次的情感设计。如图 5-7 所示，清晰可见的状态提示可以引导用户进行正确的操作。

图 5-7　状态设计界面

5.3.3　反思层次设计——沉淀品牌影响的价值

在生活中，用户经常被某一场景所触动，如亲情场景、生死场景、离别场景、寓教场景等。这些场景有的让人刻骨铭心，甚至成为生命中的印记。映射到产品上，用户所熟悉的地铁上的高低扶手、楼梯旁的残疾人通道、把手上的指痕辅助等，这些设计往往能引起用户的共鸣。当用户在超预期体验产品后，情感的催化会促使其做出一个评价，这个评价体现了产品的驱动价值，从而可以沉淀品牌的影响力。当然，这个评价因用户在文化水平、个人经历等各方面的差异，而产生完全不同的影响力。由此，我们可以看到对产品不仅要设计好，还要不断地做好运营。运营设计是产品与用户对话的情感桥梁，好的运营设计直击人心，使用户产生情感共鸣，并充分体现产品的品牌价值。

反思层次设计引起用户的共鸣主要表现在**品牌形象、文化输出、产品价值、内容影响**等方面。

反思层次设计因人而异，关键是看用户能不能理解产品所传递的信息。针对相同的信息，用户的敏感程度是不一样的——同样一幅的插画，有些用户一带而过，不会产生什么兴趣，但有些用户就会思考插画背后所表达的深意。正因为有这样的偏差，所以设计师在设计产品的时候，往往是多点并发的。比如，设计师在产品中会减少专业化的语言，多使用趣味性的语言；以讲故事的形式介绍产品；打造识别性强的 IP，在视觉上延展出很多代表品牌形象的运营设计；引入先进技术，将语音、AR、VR 等融合到设计中，给用户带来全新的体验。除此之外，还有很多种表达方式，多点并发可以使不同的用户群体产生情感共鸣。图 5-8 所示为"躺平"App 打造的 IP 形象在产品中的延展系列状态，这些状态可以烘托出产品的气质，极具视觉张力，触达人心，不禁让人反思，同时还形成了有影响力的文化输出。

图 5-8 "躺平"App 打造的 IP 形象在产品中的延展系列状态

通过以上 3 个层次的设计可在产品与用户之间建立情感连接，并使用户做出相应的反馈。我们在做情感化设计时，应以用户为中心，从人性的角度去思考和理解用户的心智。首先，从用户本能层次的感官设计入手，对应产品的外观设计，在第一感觉上抢先占据用户的心智；然后，通过产品的可用性、功能性、效率性等方面的设计引导用户的行为，在潜移默化中与用户产生情感的碰撞；最后，通过文化输出、产品价值、内容影响等多点并发的设计，发人深省，使不同的用户群体产生情感共鸣。

比如，在 2018 年风靡一时的来自日本的养成类小游戏《旅行青蛙》，这款游戏的治愈效果特别好，玩法也简单。游戏主角是一只小青蛙，它独自居住在一个石头洞的小阁楼里，平时在这里吃饭、看书，过着十分"居士"的生活。小青蛙最大的爱好就是出门旅行，世界这么大，它想出去看看。用户可以放下一切琐事，每天和戴上荷叶帽子的小青蛙来体验一场完全不一样的旅行，趣味性十足。不管是从感官的本能层次、容易上手的行为层次，还是从用户体验后的反思层次，这款游戏都恰到好处地连接了用户的情感。这款游戏的结局是小青蛙通过旅行找到了真爱，在小阁楼里和女友一起幸福地生活。《旅行青蛙》游戏界面设计如图 5-9 所示。

图 5-9 《旅行青蛙》游戏界面设计

▋ 小结

把握好产品的情感化设计，可以更快地触达用户的心智，与用户建立连接，这不仅可以缓解用户因体验所产生的负面情绪，还可以引导用户的行为、为用户高效解决问题、使用户快速熟悉产品等。而且，情感化设计在触达用户心智的同时，直接影响产品的变现、转化、留存、口碑等运营数据。产品对用户的关怀程度，还能折射出情感化的反思层次设计，沉淀出品牌影响的价值。可见，情感化设计对引导用户和提升品牌价值具有非常重要的意义。

第6章

设计师需要了解产品思维

俗话说"隔行如隔山"，我们一般不会任性地从事跨行业的工作，即使从事跨行业的工作，也是在能力允许或者跨入行业的门槛不高的前提下，因为各行各业都有自己的门道。在熟悉的领域做久了，我们多少都会了解一些该领域鲜为人知的门道。互联网行业也一样，以产品经理岗位为例，这个岗位颇受大家青睐，因为产品经理的工作涉及面比较广，要掌握的技能也比较多，做久了，还会养成一种良好的思维习惯，看待和处理问题的角度也会随惯性思维发生转变，我们把这些惯性思维称作产品思维。可见，产品思维是指产品经理思考工作的方式，也是互联网行业人员经常挂在嘴边的词，似乎产品思维可用来排除万难。互联网行业很多的知名人物也都是产品经理出身，他们的产品思维影响了一大批互联网人。那么，产品思维跟设计思维有什么区别呢？

■ 6.1 产品思维和设计思维的差异

思维活动是人类所具有的高级认知活动。按照信息论的观点，思维是对新输入的信息与脑内存储的知识经验进行一系列复杂的心智操作过程。产品思维和设计思维针对新输入的信息而产生的差异，取决于大脑存储知识经验的情况。比如，产品经理要在产品中加入某种功能，需要思考的维度很广，首先是用户对这种功能有需求，其次是这种功能给产品带来的影响及商业化的可行性，最后才会落实进行产品相关功能的设计，这是产品思维的活动轨迹；而设计师对产品新功能的思考，完全跳出了产品思维的范围，设计师首先想到的是这种新功能设计得好不好看，其次是了解在整个体验过程中设计带来的影响有多大，最后才会跟产品经理沟通到底要不要设计这种新功能。

可以看出，产品思维和设计思维存在的差异，是因为各自的关注点不同而产生的，产品经理关注产品的整个布局规划，而设计师关注表现技法的设计语言，结果自然会产生一定的偏差。那么，这些差异主要体现在哪些方面呢？我们通过产品经理和设计师的工作重心来做一个比对，如图 6-1 所示。

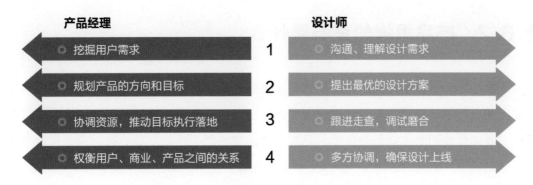

图 6-1　产品经理和设计师的工作重心对比

产品经理

- 洞察市场，挖掘用户需求。

- 规划产品的方向和目标。

- 多方协调可利用的资源，推动目标执行落地。

- 权衡用户、商业、产品之间的关系，提供匹配的解决方案。

设计师

- 沟通、理解设计需求，并确保可以执行。

- 提出最优的设计方案，确保体验设计超出用户的预期。

- 跟进走查，调试磨合，确保设计方案真正落地。

- 多方协调产品的研发、测试，确保设计上线并得到有效验证。

这样一对比，我们可以看出设计师专注于设计层面，工作范围有一定的局限性，往往会忽略用户真实的需求、产品目标、商业价值等重要因素；而产品经理专注于产品价值的最大化体现，其视野更广、思考维度更广，注重对产品的整体把控。可见，产品经理的思考维度值得我们去学习，可以提升我们对产品体验设计的认知。那么，产品思维到底有哪些重心值得设计师去学习呢？

▌6.2 产品思维的重心是什么

产品思维的重心是洞察人性。我们需要具备很强的需求洞察力，善于观察周边事物，主动发现需求，而不是由别人告诉我们"需求是什么"。从产品思维的角度看待事物更具有逻辑性，我们能看到事物背后的本质，而不只停留在表面。比如，我们都知道手表最重要的功能是满足用户看时间的需求，但瑞士宇舶表董事会主席 Jean-Claude Biver 却说："**看时间是手表最不重要的功能。**"这似乎违背了设计师设计手表的初心，但用产品思维来想这句话就比较好理解了。用户花钱买一块手表真的就是为了看时间吗？显然说不通。这背后反映的是用户的心理需求，在他们看来戴手表是一种精神追求，手表是一种配饰，越是做工精细、造型考究的手表，越能体现佩戴者的品位。所以说，看时间是手表最不重要的功能。在产品功能越来越同质化的今天，用户选择产品已经从基础的功能层面转为更高的内在层面了，好比我们买车、买手机，已经不只是为了满足出行、打电话这么简单的需求了。仅从设计表象方面肯定解释不了，但如果学会用产品思维来思考，就更容易理解行为背后的本质了。那么，如果想学会用产品思维来思考问题，设计师就需要掌握产品思维的重心。笔者总结了产品思维的 3 个重心，如图 6-2 所示。

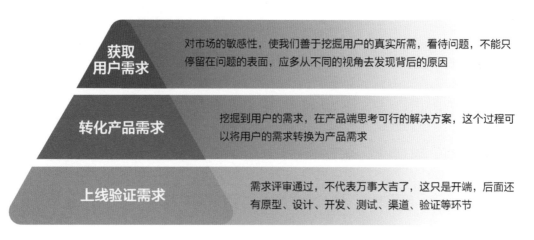

图 6-2 产品思维的 3 个重心

6.2.1 对市场的敏感——获取用户需求

前面我们提及，汽车作为一种交通工具，可以方便人们的出行，这一需求早已得到满足，按理说汽车行业就不用继续发展了。但汽车行业发展至今，仍在砥砺前行，这说明出行已不是汽车厂商在追逐发展的热点。处于不同家庭、阶层、人生阶段的用户，对汽车的需求程度可能都不一样。比如，中等收入的家庭，在家庭人口不多的情况下，有点积蓄又喜欢旅游出行，倾向于选择合资品牌的中型 SUV；收入一般、只想满足出行需求的家庭，倾向于选择性价比较高的小型轿车；而对于家庭人口多、一辆车不够用、考虑购买第二辆车以满足出行的家庭来说，选择一辆轿跑类型的个性化车也不错，或者干脆直接选择一辆大的 MPV 以满足全家人的出行需求。汽车厂商抓住不同用户的需求，定制满足其所需的产品。反之，如果汽车厂商忽视用户的需求，那么用户自然也不会买单。图 6-3 所示为市场上针对不同用户定义的不同级别的车型。

图 6-3   不同级别的车型

对市场的敏感性，使我们善于挖掘用户的真实所需。我们不应人云亦云地跟随，不应别人做什么就模仿什么，否则我们拿什么来保证自己一定会比别人做得好呢？我们要去挖掘用户真正想要的是什么。比如，同样是做手机，为什么偏偏是苹果开创了手机时代的新纪元，赢得了无数"苹果粉"的青睐？显然是因为苹果做的差异化创新。但同样也是因为苹果 iOS 系统的"霸道"政策，为 Google 发展安卓系统创造了机会。安卓系统的开源策略，满足了广大开发者和企业的发展需求，使其迅速发展成为可以同 iOS 系统相抗衡的竞争对手。可见，Google 对市场的敏感性非常强，因为挖掘出了行业的群体需求，所以才发展出如此强大的安卓系统。

这就要求我们看待问题不能只停留在问题的表面，应多从不同的视角去发现问题背后的原因，同时还要具备一定的可预见性，只有这样才能收获完全不同的见解。因为设计师很容易专注视觉表现力的刻画，而忽略用户真正的需求是什么，所以就会出现辛苦设计出来的方案却没能上线的情况，这在无形中挫伤了设计师的积极性。

6.2.2 同业务融合——转化产品需求

我们既然能挖掘到用户的需求，就要在产品端思考可行的解决方案，这个过程可以将用户的需求转换为产品需求。在不同的场景下，用户会产生不同的需求。比如，同样是喝水的需求，运动员在剧烈运动以后，需要快速补充水分；游客在炎炎烈日之下，想吃一个冰激凌；而在茶馆里谈合作的商务人士，就是在温文尔雅地品茶。可见，同样属于用户需求，解决方案却截然不同。产品不可能满足用户在任何场景下的需求，但可以根据用户的需求和自身发展的需求提供不同的解决方案。那么，什么样的解决方案才能结合产品自身发展的需求呢？也就是说，设计师应如何利用产品思维来权衡用户、产品和业务之间的发展关系呢？

满足用户的需求是产品的核心，为什么还会牵扯到业务关系呢？因为业务指标与企业的经营密切相关，企业开发产品的初衷是想跟业务关联，但在产品发展的不同阶段，业务指标也会相应地发生变化。比如，在产品发展初期，企业应想办法吸引用户，而不应急于进行商业化；在产品发展中期，企业应根据自身产品类型的需要，构建可行的商业模型；产品在成熟期的发展不仅跟商业化有关联，还需要上升到大局观。如果企业在产品发展初期就想着怎么去做商业化，用户又想要免费的服务，这样就相当于企业将用户拒之门外了。产品思维会根据产品的不同发展阶段，在实现业务指标的同时，又不降低用户体验的友好度。这是设计师在设计层面无法涉足的范围，所以需要利用产品思维去权衡用户、产品和业务之间的关系，这样设计目标才能更加明确，才能体现出设计驱动的价值。

在地图导航类产品还没有盛行时，出门问路是再正常不过的事了。为了避免迷路，人们想到的方案多是随身携带地图，或通过问路热线、向导带路等途径来满足需求。产品如果只纠结于怎么解决问路的问题，又怎么会诞生地图导航类产品呢？关联业务诉求，地图导航类产品的商业化关键并不在用户身上，而更多的与商家相关，使用产品的用户越多，商家越愿意付费提升曝光度。因此，设计目标就是建立在满足用户需求的同时，还能提升商家曝光度的商业模型，只有这样的设计目标才能体现产品的价值。反之，设计目标就是主观的、不切实际的。如图 6-4 所示，地图类产品对位于不同楼层的商家做了区域划分。

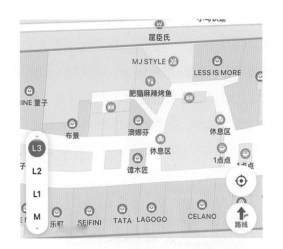

图 6-4　地图类产品对位于不同楼层的商家做了区域划分

6.2.3　推动方案执行——上线验证需求

明确了用户的需求，接下来我们还要考虑怎样执行方案，不能落地上线的需求跟空想没有什么区别。但推动方案的执行并非易事，很多人都经历过设计好的方案上不了线的情况，此时抱怨也没用。推动方案的执行是整个团队的事情，牵扯到调研、业务、开发、测试、设计等部门，不是某个人的事情。比如，推动方案的执行跟业务的关联，业务人员要看是不是在给自己增加工作量、是不是对业务有利、有没有后续"背锅"的隐患等。到了开发环节，开发人员要是说这在技术上没法实现，那基本就前功尽弃了。所以，为了避免产生这些问题，我们应尽早邀请各方负责人召开项目需求评审会。这样，大家就可以把很多潜在问题有预见性地都提出来，不至于到最后方案直接被叫停。

需求评审通过，不代表万事大吉了，这只是开端，后面还有原型、设计、开发、测试、渠道、验证等环节。每一个环节都需要去推动，哪个环节出问题，都可能出现因卡壳而无法上线的状况。而且新版本开发好后，我们往往会忽略验证的过程。其实验证这一步更容易发现问题，因为需求的推导过程建立在理论基础上，没有经过实践，所以只有上线后反馈的数据才能反映出用户的认可程度，这样也才能体现出新版本的价值。如果反馈的数据还没有旧版本好，那改版提升的价值又在哪里呢？因此，验证需求的过程体现了产品对用户的真实价值。

"推动方案的执行到上线验证的过程，貌似都是产品经理的工作，跟设计没有太大的关联"，往往就是这样的想法，导致我们做了很多无用功，甚至不知道为了什么而设计。如果不知道为什么而设计，也不知道应达到什么样的设计目标，又怎么能把设计做好呢？笔者所在的团队之前做过一款金融产品，目标人群就是大学刚毕业的人，团队成员认为这个人群最需要这些免息贷款。设计师将产品依照这类人群的喜好做了风格化设计，但上线一段时间后才发现，下单的人大多是 30 岁以上的上班族，这就是经过上线验证后才发现问题。最终，团队成员又重新提供符合相关人群的设计图。如图 6-5 所示，左图是旧版设计，比较单调，只强调面向年轻人；右图的设计丰富了很多，注重产品中的内容，面向的用户群体更广泛。

图 6-5　同一款产品改版前后对比

产品思维的重心要求设计师提高对市场的敏感性，以真正挖掘到用户的需求。用户的需求在不同场景中的表现各不相同，我们需要将自身的产品和业务相结合进行思考，以确定如何将用户需求转化成产品需求。有了产品需求只是设计的前提，只有推动原型、设计、开发、测试、渠道等环节顺利执行，才能保证新版本上线成为可能。为什么说"可能"呢？因为新版本上线后，只有经过线上数据验证，才能确定是不是符合用户的预期。可见，产品思维的 3 个重心真正体现了设计驱动的价值。那么，设计师该如何运用产品思维呢？

▌ 6.3　设计师如何运用产品思维

产品思维的运用可以在一定程度上覆盖我们的知识盲区。我们一般会在项目评审时才详细了解到需求的林林总总，再去充分利用头脑风暴法做竞品分析、磨合方案等。如果项目工期比较紧，这个流程就会特别仓促，设计流程也是能省则省，最终的设计输出就会大打折扣，带有强烈的主观色彩。这就好比很多人在沟通的时候总喜欢说"我觉得什么什么怎么样"，这种感觉是主观判断，不是客观依据，但产品思维不是在做感性判断，而是以产品为导向的思维方式，也是理解需求、用户和商家三者之间关系的思考方法。这种思考方法能够逻辑清晰、真实有效地解决用户的问题。那么，我们应如何运用产品思维来提升设计水平呢？我们需要将产品思维运用到设计中，对应产品思维的 3 个重心，笔者将其总结为业务重心、用户重心、链路重心，如图 6-6 所示。

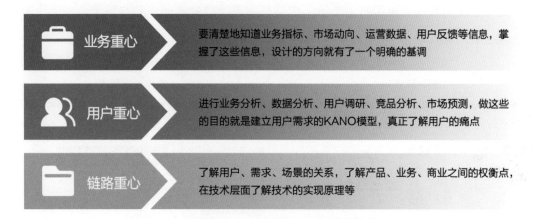

图 6-6　将产品思维运用到设计中

6.3.1　业务重心——结合产品的商业价值

产品的需求由产品经理发起，我们对产品的需求基本都是进行体验层面的优化。因为我们不了解业务指标、运营数据、产品的商业收入，更不了解基于北极星指标、拆分关键指标等。比如，产品经理经过分析用户体验的路径，提出只要优化表单、按钮或色彩的设计，就能提升转化率，增加商业收入，实现业务指标。这些优化都是跟业务重心紧密相关的，并结合用户行为和运营数据做出的客观判断。而我们是在看到需求后，根据需求进行设计并提供体验的最优方案。在这个过程中，我们是被动参与到业务活动中的，根本没有完全了解业务重心，又怎么能将设计与业务进行融合呢？

做产品，如果只局限于产品本身，就跟闭门造车没什么两样。我们不能只顾着埋头苦干，需要关注市场发展、行业变化、竞品动态等，把眼界放宽，主动地去了解业务重心，明晰市场动向，只有这样才能将设计的产品跟业务紧密地结合在一起，体现产品的商业价值。

了解业务当然要清楚地知道业务指标、市场动向、运营数据、用户反馈等信息，掌握了这些信息，设计的方向就有了一个明确的基调。比如，设计或优化任意一款产品，我们要了解业务线对产品的考核指标，是需要收入的转化、新增用户数、增加日活跃用户数，还是需要满足其他指标，同时还要分析市场竞品的动态，有了这些具体的业务信息后，我们才能知道在对产品的考核中达成什么指标才是最重要的，这样设计的侧重点就比较明确了，产品的商业价值才能被体现出来。图6-7所示为搜狐网首页改版时的设计版本和最终上线版本，左图所示的设计采用流行的 Feed 流阅读方案，但这种方案在 AB 测试中反馈的数据并不好，甚至各个业务线流量的转换给网站带来了灾难性的冲击，所以经过不断优化和测试，最终上线的方案效果如右图所示。这是产品思维改变设计方向的第一步，接下来我们还要确定用户重心。

设计版本

最终上线版本

图 6-7　搜狐网首页 AB 测试版本设计

6.3.2　用户重心——体现设计的价值

产品不能脱离业务，最终都要依靠实现商业价值才能存活下去。但做好产品体验设计，不是我们觉得怎么好、业务人员觉得怎么好，而是要用户觉得好。只有从用户的角度出发，解决用户遇到的问题，获得用户认可的产品才是好产品。我们应该熟悉业务模式，以帮助业务人员对产品进行合理的商业变现，并使用户体验与商业化保持平衡。仅满足业务需求，而忽略用户分析是无法把产品做好的，因为我们不了解用户的痛点在哪里，不知道怎么解决用户的实际所需，自然做不出用户需要的产品。即使我们利用超前沿的技术，将界面设计得超级炫酷，做出来的产品也顶多是一个花瓶。

所以，我们需要学习产品思维来了解行业知识，**以进行业务分析、数据分析、用户调研、竞品分析、市场预测，做这些的目的就是建立用户需求的 KANO（卡诺）模型，真正了解用户的痛点**。我们可能觉得这是产品经理挖掘用户需求所应做的工作，但在实际确定用户需求的过程中，产品经理很少做这些，特别是在需求迭代环节，产品经理更不可能做这样细致的分析。但在设计过程中，如果不了解用户需求的 KANO 模型，就意味着我们根本不知道用户真正需要什么。

比如，2022 年年初笔者受邀参加了一次演讲，产品经理给出的需求是做一份 PPT 演讲稿，此时笔者不可能说"我已经明白要做一份怎样的 PPT 了"。作为业务线的需求，少不了进行品牌宣传，搞砸一场演讲很容易，做好一次演讲不容易。在这个需求中，PPT 就是一个产品，按照产品思维来准备，肯定会有不一样的收获。要准备演讲内容，笔者就需要知道用户、场景、目标这些内容。图 6-8 所示为演讲前需要了解的重心，即对用户、场景、目标所需了解的事项做了分类。

图 6-8　演讲前需要了解的重心

用户：听众是谁（即产品用户）、职业岗位、工作年限、来自哪里、兴趣点、期待得到什么等。

场景：演讲会场的形式是线上直播还是线下会场，场地规模、舞台大小、灯光效果如何，是投影还是投屏等。

目标：大会演讲的主旨、邀请的目的、主办方期望得到什么、我的优势是什么等。

只有知道了上述这些内容，笔者才知道听众需要什么、主办方需要什么、自己需要什么，才能做好这份 PPT 演讲稿。我们的每一次输出都是在做一个产品，只有应用好产品思维，具备业务分析、数据分析、用户调研、竞品分析等能力，才能知道用户到底需要什么，体现出设计的驱动力，最终成就自己的产品。运用产品思维，除了了解了业务重心和用户重心，还要了解经常被我们忽略的链路重心。

6.3.3　链路重心——拓宽知识面

业务重心和用户重心都了解了，接下来就到执行阶段了，在执行过程中，会出现各种状况。比如，产品经理说"这么设计逻辑不对"，测试人员说"新设计的测试性能总是通不过"，前端工程师说"这么设计没法实现"，后端工程师说"这会给服务器增加压力"等。层出不穷的问题等着我们跟各方人员去磨合、沟通。产生这些问题都源于自己还不是一个全链路设计师，知识面受限，这就变相地要求我们应学习各链路的知识，拓宽知识面，只有这样才能同各方人员沟通可行性方案，不至于被开发人员一句"实现不了"就给打发了而不得不重新设计，这样当面对新问题时起码可以从容面对。

所以，我们需要从产品端了解用户、需求、场景的关系，了解产品、业务、商业之间的权衡点，只有搞清楚这些，才能明白产品迭代优化的设计重心在哪里。在技术层面，设计师起码要了解技术的实现原理：哪些是通过静态实现的，哪些是通过动态实现的，静态实现设计图的方式，怎么切图最优化，动态是读取服务端的数据库，前台只需要有一个接口就能呈现内容。同时，我们还要明白测试是在不断提出各个环节可能出现的问题，如服务器压力、页面性能、报错数据等。我们掌握链路知识以后，看到测试中的问题，一下子就能意识到问题出在哪里，这样才能有针对性地解决问题，提高开发迭代的效率。

比如，有一款名为"辨别年龄照相机"的产品，这款产品给人的第一感觉是，它比拼的是技术算法的精确度，体现的是科技发展带来的改变。但从产品逻辑的角度来讲，如果真的比拼的是技术算法有多么精确，那么这款产品还能风靡起来吗？年龄是女人的小秘密，她们不会轻易地透露，大家都希望自己永远 18 岁。从用户体验的角度来看产品的价值，用户之所以会产生共鸣，不是因为自己的年龄被照相机精准地算出来，而是能凸显自己的年轻，这才是促使用户产生分享念头的根本原因。图 6-9 所示为照相机测算出来的年龄，你觉得这会是女人的真实年龄吗？显然不是。其他人看到这样的照片，好奇心促使他们参与进来测算自己的年龄，产品的流行效应就是这样建立起来的。如果在设计层面，我们不能理解这款产品的逻辑和技术的实现原理，又怎么能设计好这款产品呢？

图 6-9　"辨别年龄照相机"测算出来的年龄

▌ 小结

产品思维和设计思维的差异体现为面和点的关系。产品思维的重心在于综合挖掘用户的需求，即如何将用户需求转化为产品需求，再通过线上数据反馈来验证需求对用户的满足程度。而设计师多停留在服务层面，根据产品经理的需求，提出可行的设计方案，多方沟通、调试、研发、测试，确保设计产品顺利通过审核并上线。这样的设计工作多数属于被动接受，设计师不清楚设计的具体目标，发挥不出设计应有的驱动价值。所以，设计师应该学会用产品思维去理解业务重心，体现出产品的商业价值；从用户角度去理解设计的重心，这样设计解决用户问题的驱动价值就被体现出来了；在设计执行过程中，设计师应尽量拓宽知识面，成为全链路设计师，这样才能从容面对方案执行过程中出现的一系列问题。可见，设计师合理利用产品思维对发挥设计的驱动价值会产生非常大的影响。

第 7 章

数据可视化设计背后的逻辑

生活中有各种各样的数据，但有多少数据能一下子被我们记住呢？是 36℃ 的体温、26℃ 的空调温度，还是自己的生日？赶一个航班、坐一趟火车、看一场电影，我们都要翻来覆去地看好多遍票务信息，确认航班号、车次、场次、座位号等，生怕误点了、弄反了方向、坐错了位置。上学的时候，历史课本上那些重要历史事件的时间，我们不管怎么死记硬背，到考试的时候还是想不起来。工作以后，我们经常要面对大量的数据，整理起来焦头烂额，最后还不一定能整理出什么头绪。这些数据不仅提高了我们的学习成本，同时还发挥不出应有的效能。所以，数据可视化的设计需求越发受到关注。

数据可视化，是关于数据视觉表现形式的科学技术研究，其形式处在不断演变之中，边界也在不断扩大。这种数据视觉表现形式包括相应信息单位的各种属性和变量，旨在借助图形化手段，清晰有效地传达与沟通信息。

■ 7.1　数据可视化的概念

数据可视化与信息图形、信息可视化、科学可视化及统计图形密切相关，主要指的是**较为高级的技术方法，这些技术方法允许利用图形、图像处理、计算机视觉及用户界面，通过表达、建模，以及对立体、表面、属性、动画的显示，对数据加以可视化解释。**

当前，在研究、教学和开发领域，数据可视化是一个极为活跃而又关键的方面。"数据可视化"这个术语实现了成熟的科学可视化领域与较年轻的信息可视化领域的统一。虽然数据可视化会让人感觉非常复杂，但从业务仪表板、公共健康可视化到流行文化趋势分析，数据可视化涵盖了广泛多样的应用场景，比我们想象的内容更具创意且丰富多彩。

为了便于理解数据可视化的概念，美学形式与实用功能需要齐头并进，通过直观地传达关键的方面与特征，从而实现对相当稀疏而又复杂的数据集的深入洞察。要**制作精美优质的数据可视化图，设计师除了需要具备出色的分析能力，还需要具备设计图形和讲述故事的技能。**

图 7-1 所示为拿破仑率军攻打俄国的一张概况图，这是名气颇大的一张可视化图。1812 年，拿破仑率军进攻莫斯科，企图征服这座城市。大军出征时约有 47 万名士兵，而到了兵败还乡时则仅剩约 1 万人。图 7-1 充分地展示了拿破仑大军的出征与败退。线条的宽度代表士兵总数，颜色代表移动方向（黄色表示进军的方向，黑色表示回程的方向）。在

这幅图的下部还绘制了一张简单的温度曲线图，用来表示寒冬气温骤降的情况。这幅图详尽地展示了震撼人心的大溃败场景，并成为有史以来最著名的可视化作品之一。

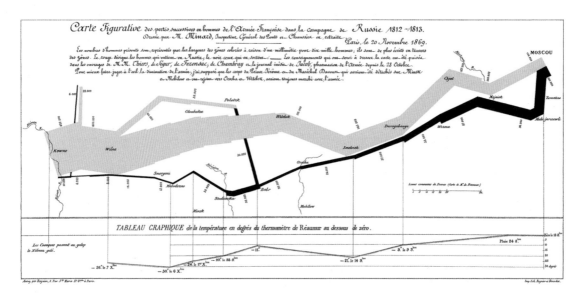

图 7-1　拿破仑率军攻打俄国的可视化图

数据可视化是可视化艺术的一种形式，它使人们产生兴趣，并使人们的注意力聚焦在信息上。当查看图表时，我们能够快速地看出趋势和异常值。这就如同我们可以直观地看到事物，就能快速地对其进行理解、消化一样。数据可视化就是有目的性地讲述故事。如果你曾经有过盯着庞大的数据电子表格但看不出趋势的经历，你就能理解数据可视化有多么重要了。所以，伴随着科技的不断发展，数据可视化对数据的呈现与传达已超越以往的任何时代。

有一个名为 OFFC 的设计工作室，它利用理论、艺术和定量方法的组合来研究全球 5 个大城市（曼谷、柏林、莫斯科、纽约、圣保罗）的自拍风格，得出了一些有意思的结论。图 7-2 所示为圣保罗年龄在 20 岁左右的一些年轻人的自拍照，你会发现这个城市的年轻人自拍的姿势、特征、情绪的变化。可视化图显示，女性自拍明显多于男性自拍（从曼谷的 1.3 倍到柏林的 1.9 倍），莫斯科女性的自拍次数是男性的 4.6 倍；在曼谷（平均微笑得分为 0.68 分）和圣保罗（平均微笑得分为 0.64 分）的自拍照中可以找到很多笑脸，在莫斯科的自拍照中笑容最少（平均微笑得分仅为 0.53 分）；女性头部倾斜度平均比男性高 50%（女性为 12.3°，男性为 8.2°），圣保罗是最明显的，女性头部倾斜度平均为 16.9°。

图 7-2　圣保罗年龄在 20 岁左右的一些年轻人的自拍照

这体现了富媒体的强大，加上技术和创新的融合，得以通过可视化的形式汇集上万张照片，并揭示出这些有趣的结论。如果没有这种可视化技术，我们就很难做出如此有趣的产品。数据可视化为我们提供了很多想象的空间，那么数据可视化具体有什么作用呢？

■ 7.2　数据可视化的作用

随着大数据时代进入高速发展阶段，可视化已成为一种越来越重要的工具，用于帮助人们理解每天产生的数万亿行数据。数据可视化有助于将数据转换为易于理解的形式，以此来讲述故事、突出发展趋势和异常值，良好的可视化还能消除数据中的干扰项并突出显示有用的信息。数据可视化的作用可以归纳为**降低学习成本、提升沟通效率、有效传递信息**，如图 7-3 所示。

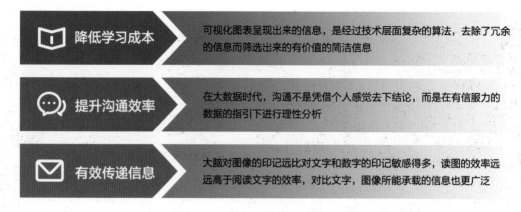

图 7-3　数据可视化的 3 个作用

7.2.1　降低学习成本

我们在面对一堆数据的时候，第一感觉是望而生畏，最难的不是看不懂数字，而是不知道怎么去整理，不知道怎么提取有价值的数据，搞不懂数据与数据的关联性等。所以，如何降低学习成本成了使用者在使用数据可视化工具时的最直观的感受。当我们把庞大的数据库、复杂的信息图表设计成可以直观呈现的抛物线、柱状图、曲线图等可视化图表时，不仅拉近了数据和使用者之间的距离，还彰显了数据之美。通过观察图表，我们可以发现其呈现出来的走势、逻辑，轻松提取到有价值的信息。可视化图表呈现出来的信息，是经过技术层面复杂的算法，去除了冗余的信息而筛选出来的有价值的简洁信息。可视化图表可以更加直观地呈现数据与数据之间的关联性，进而使我们分析出数据之间的潜在关系。这样就变相地降低了我们汇总、整理、筛选、分析这些数据的学习成本。

7.2.2　提升沟通效率

在大数据时代，沟通不是凭个人感觉去下结论，而是在有信服力的数据的指引下进行理性分析。在召开需求评审会时，大家发表最多的观点就是"我觉得怎么设计好看""我觉得怎么体验好""我感觉用户会怎么怎么样"。大家想当然地从自身感觉出发表达各自的观点，而每个人的审美、习惯、喜好都不完全一样，因此沟通中就会出现分歧。这就是没有数据背书情况下的沟通常态。经过对大数据进行可视化的分析，我们可以模拟出用户画像的模型、寻找到用户的体验轨迹、明确用户的真实需求等，有了这些信息，我们就能竖起沟通的风向标，极大地降低沟通成本。在这样的基础上做设计，我们就能有针对性地解决用户的具体需求，产品的决策、更新迭代、改版等将变得更有实际意义。

7.2.3　有效传递信息

大脑对图像的印记远比对文字和数字的印记敏感得多，读图的效率远远高于阅读文字的效率，对比文字，图像所能承载的信息也更广泛。无论是约定俗成的符号化形象还是符合逻辑的设计形象，都能起到比文字表述更加深入人心的作用。可视化的图像还不受不同国度、不同层次的语言表达的影响。这样就为信息的传递扫清了一部分障碍，明明复杂、无法传递的数据库，通过可视化图表展现出来的信息就变得清晰易懂、易于传播，降低了学习的门槛。如果只是提取一堆统计到的数据，不经过筛选、分析，对比的结果就无法显现出来，这样的数据传递的价值就比较低。

然而，数据可视化虽然可以帮助我们降低学习成本、提升沟通效率、有效传递信息，但设计人员往往不能很好地把握设计与功能之间的平衡，因而提供的数据可视化内容往往华而不实，无法达到预期的学习、传达和沟通信息的效果。这就要求设计人员在设计的时候应遵循数据可视化设计的逻辑，以期达到预想的效果。那么，在数据可视化设计中有什么逻辑呢？

■ 7.3　数据可视化设计的逻辑

要想将庞杂的数据整理成用户看得懂的可视化内容，不能简单地根据数据的运行态势仅仅模拟出合适的图表，我们起码还要了解数据背后的逻辑、不同数据间的关联性、组合起来是否有变化、设计重心在哪里、哪些节点才是有价值的节点、怎么设计才能体现出可视化传递的价值、用户是否可以直观地看到想要的结果反馈。

比如，我们记录用户在产品中的浏览轨迹、下单、成交、评论、留言等，如果只是笼统地用图表将这些数据呈现出来并分析动态走势，这些内容显然没能将数据背后的逻辑关联起来，因为用户本身的属性和关联影响因素都被忽略了。用户的性别、年龄、职业、收入、所处的地理位置、作息时间、手机系统等都会在一定程度上影响用户的体验行为，在呈现数据的时候，我们可以将这些信息多维度关联在一起模拟出可视化图表，这样的数据才能体现出客观的价值。

数据可视化设计，不仅要梳理出数据背后的逻辑关系，还要权衡功能设计之间的表现力。接下来，笔者从以下 4 个方面来权衡数据可视化设计背后的逻辑。

7.3.1　选择合适的图表形式

数据可视化设计的图表形式繁多，有动效炫酷的、视觉引爆的、前沿黑科技的等，传递给用户的信息的效果自然也会参差不齐。不同的数据类型应选择不同的图表形式，如曲线图适合表现连续数据、柱状图适合表现离散数据。离散的数据如果采用曲线图形式，就会出现不连续的大片空白，图表就没有太大的参考价值了。选对图表形式很重要，当然你也可以不断地创新图表形式，只为更好地梳理数据背后的逻辑关系，达到有效传递的效果。

南丁格尔玫瑰图是比较出名的一张图（见图 7-4），它的外形像一朵绽放的玫瑰，因此而得名。这张图挽救了无数士兵的生命。在 19 世纪 50 年代的克里米亚战争期间，士兵的死亡率很高并且死亡人数在不断攀升。护士、分析师兼数据专家南丁格尔发现造成士兵死亡的原因并不仅仅是战争。南丁格尔利用这张精美的数据可视化图，揭示出大多数士兵死亡实际上是由糟糕的医疗条件造成的。

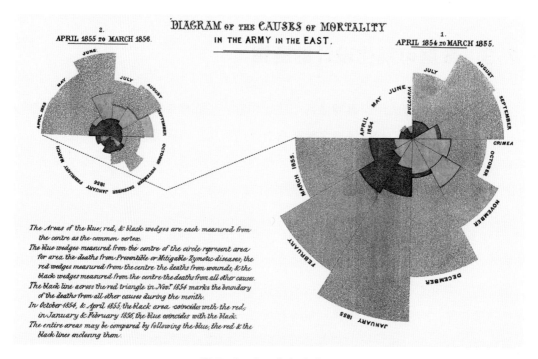

图 7-4　南丁格尔玫瑰图

南丁格尔玫瑰图中的每个扇形代表当月死亡的士兵人数，其中**灰蓝色表示死于感染的士兵人数、红色表示受伤过重死亡的士兵人数、黑色表示由于其他原因死亡的士兵人数。**在图 7-4 中，右侧的大玫瑰图显示，在 1854 年 6 月的保加利亚战争和 1854 年 10 月的克里米亚战争中，因医疗设施不足造成感染而伤亡的士兵人数逐步增加，士兵死亡率高达 42%；而左侧的小玫瑰图显示，1855 年 3 月以后医疗设施得到改善，士兵死亡率戏剧性地降至 2.5%。南丁格尔玫瑰图一目了然地揭示了士兵死亡的真实原因，着实让人惊叹。

在南丁格尔玫瑰图中，你会发现数据变化过大的话，图的整体会很不协调，所以反差比较大的数据可以选择其他图表形式。不同的图表形式所呈现出来的效果是截然不同的，不合理的数据呈现很容易让用户误读。同样的数据使用不同的图表形式可以呈现出不同方面的特征，因此在设计图表之前，我们应先厘清需求，再来选择使用哪种图表形式以更好地呈现。为了更加清晰地表达数据，笔者把常见的图表形式概括为以下 7 类。

点线图——金融圈必选

点线图是我们在工作和生活中比较常见的图表形式，主要应用于金融圈，如走势图、K 线图等，如图 7-5 左侧的图所示，在横向和纵向上能够清晰地表达出数据在时间河流中的变化。通过在连续的时间段内记录数据关键节点的点线图，**如图 7-5 右侧的图所示，**我们也可以清晰地看到**点线图适合呈现单一数据类型在时间轴上的动态走势。**

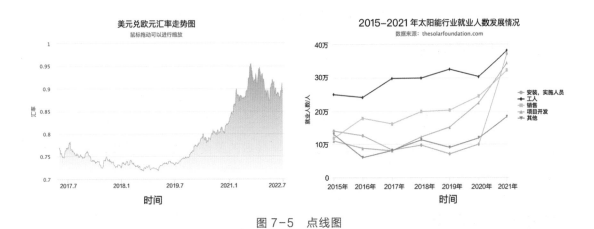

图 7-5 点线图

面积图——完善信息对比的跨度

面积图体现的是大块区域性的变化，视觉冲击力相对较强，常见的有漏斗图、金字塔图、风羽图、火焰图等。面积的呈现效果肯定要比点线更加醒目，但这恰恰能体现出点线图传递给用户的是趋势，而面积图呈现出来的是相互之间的对比。可见，**面积图适合对多组同级别参数之间的信息进行对比，但数据差异过大或超过 5 组以上的数据，图形比例就容易失调。面积图如图 7-6 所示。**

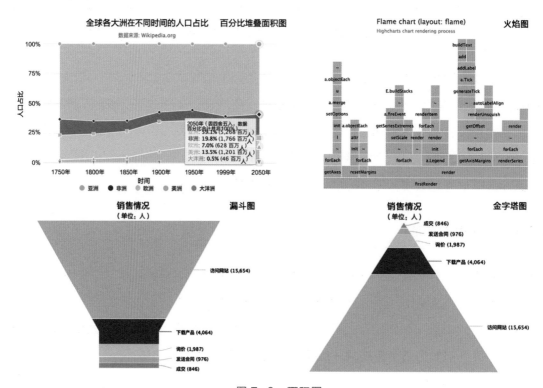

图 7-6　面积图

饼状图——占据百分比必备

饼状图具备对占比属性进行对比的优势，这种图在整圆中依照比例划分，用户可以清晰地看到各组数据相对于整圆的占比情况。饼状图的类型包括玫瑰图、扇形图、环形图、韦恩图、旭日图、欧拉图等。**饼状图适合呈现两组以上同类数据的单维度占比属性的对比，如图 7-7 所示。**

柱状图——跨度最广泛

柱状图的应用相当广泛，受制约的因素很少，所以我们在很多汇报主题中经常看到柱状图的呈现。柱状图的类型有条形图、箱体图、瀑布图、时序图、甘特图等。点线图可以表现实时数据，但时间段内的数据走势用柱状图来表现会更形象。**柱状图适合呈现的数据类型**

比较广泛，一段时间内数据的汇总或一系列同类数据之间的对比都可以被直观地呈现出来，而且柱状图可以承载多组数据，如图 7-8 所示。

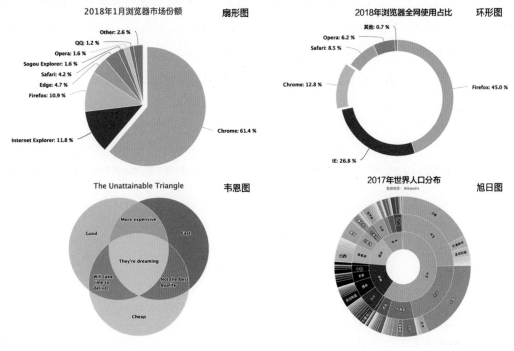

图 7-7　饼状图

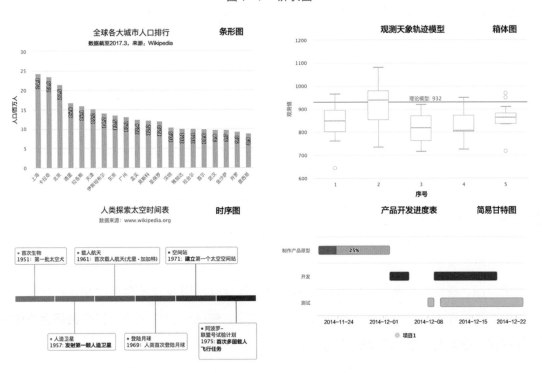

图 7-8　柱状图

分布图——地域性分布必选

分布图的显著特点是具有分散性和区域性。如果将相关内容汇总在一起，就无法表达区域性的特征了，所以我们经常见到在地图上做地域数据分布的可视化图，以及在工作中记录用户在页面上的行为轨迹等。分布图的常见类型有蜘蛛图、气泡图、散点图、热力图、词云图、向量图等。**分布图适合呈现同类数据在不同区域的表现，体现出点状分布的区域性，如图 7-9 所示。**

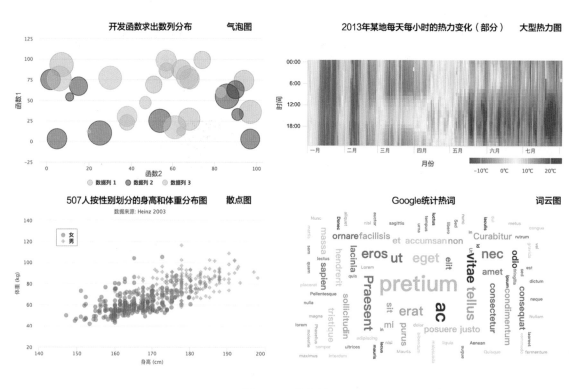

图 7-9　分布图

仪表图——主控仪表设备

仪表图多用于呈现专业仪器设备的速度、油量、钟表状态等，汽车的仪表盘最具有代表性，在测试网速、杀毒软件类产品中我们经常会看到用这样的图表来呈现速度和运行状态。常见的仪表图有速度图、伏压图、刻度图、子弹图等，如图 7-10 所示。**仪表图适合呈现单一数据在一定刻度范围内的瞬时变化。**

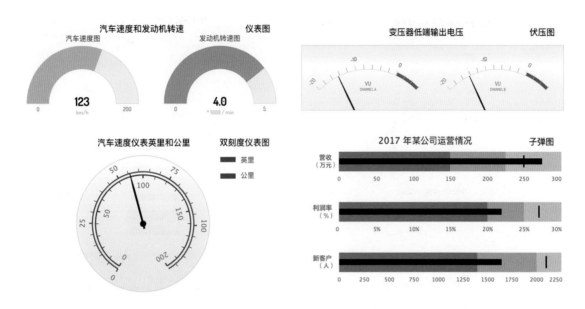

图 7-10　仪表图

关系图——刑侦探案必备

我们见到的关系图通常出现在探案类的影视剧里，办案人员分析案情的时候往往会借助一个黑板来呈现人物关系，没有比这种形式更直观的了。关系图带有一种探索性，随时可以手动改变，变换各种推测。常见的关系图有桑基图、树状图、组织架构图、力导图、和弦图、轨迹图。在产品中我们会利用记录用户整个行为轨迹的桑基图来做进一步分析，这也是我们常用的手法。**关系图，顾名思义，是指可以清晰地呈现出人际交往的社会关系网、行为轨迹的树状分析图**，如图 7-11 所示。

常见的图表都可以归纳到上述七大类型中，我们可以根据自身传递数据的需要，选择不同的图表形式。即使这样，在传递数据的时候还是会出现不够用的情况，此时我们可以将不同的图表形式进行组合，多维表现数据可视化的直观性。在图 7-12 左侧所示的东京月平均温度和降雨量的图表中，仅以降雨量为参考有点单薄，加入气温维度的关联因素，参考价值就明显提升了。在图 7-12 右侧所示的极地图中，则是将点线图、面积图和扇形图进行了组合。

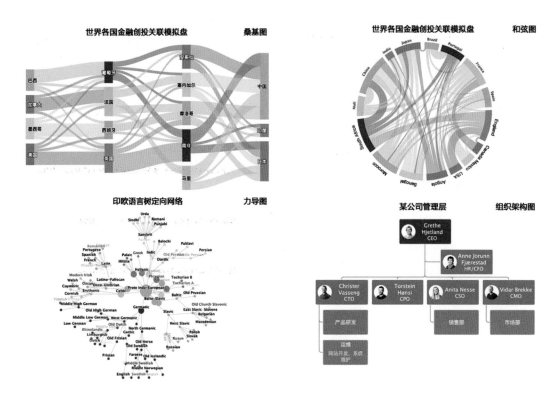

图 7-11　关系图

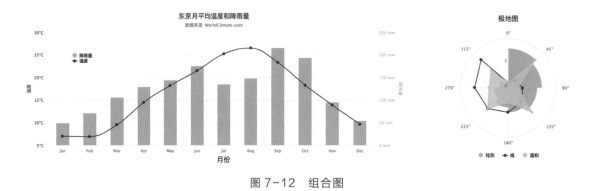

图 7-12　组合图

7.3.2　用色彩表现层级关系

数据所带来的结果可以用色彩来加强传递效果。**数据色彩遍及生活的每个角落：** 有些手机电池充满电时图标显示为绿色，电量低于 20% 时图标显示为红色；股票当天上涨的数值用红色表示，下跌的数值用绿色表示（有些国家则刚好相反，绿色代表上涨、红色代表下跌，这跟不同国家的文化底蕴有关）。

比如 2007 年中国气象局公布第 16 号令《气象灾害预警信号发布与传播办法》，对各类气象灾害预警信号的颜色进行了规定。预警信号的级别依据气象灾害可能造成的危害程度、紧急程度和发展态势一般划分为 4 级：Ⅳ 级（一般）、Ⅲ 级（较重）、Ⅱ 级（严重）、Ⅰ 级（特别严重），依次用蓝色、黄色、橙色和红色表示。

人眼对色彩的识别远比对数字的识别要快得多，而且用户对"红色表示警戒，绿色表示通行"有很明确的认知。 仪表盘、温度计等表示数值的物品，都会设置红色区域，我们在查看时，即使不知道具体的数值也能分辨出是否存在风险。图 7-13 所示为猎豹安全大师的界面设计，它没有直接呈现数据，而是将数据转化为背景色彩传递给用户。

图 7-13　猎豹安全大师色彩反馈结果的界面设计

- 蓝色背景表示安全状态。

- 发现有风险时，背景就会变成红色，提示用户需要清理。

- 在扫描过程中，背景的颜色也伴随着风险状态的变化而变化。

- 测试网速的仪表上同样设计了红色区间作为警示。

你可以看到，产品将数据通过色彩直观地传递给用户，降低了用户的使用成本，提升了用户体验的满意度。 笔者想提醒大家的是，在颜色的选择上，如果选择了用户不熟悉的颜色，用户可能就会看不懂产品要传达什么内容。如果猎豹安全大师的安全状态背景色被换成紫色或者只呈现数据，那么传递的信息就不明确了。

7.3.3 多维度体现数据关联

当你把一组数据直接呈现给用户时，用户其实是无感的，除非他很了解这组数据。比如，你明白 100 元的价值，但如果在产品里给你发放 100 个积分，你可能就不知道这 100 个积分的价值是什么了。如果把这 100 个积分兑换成价值为 100 元的实物一起发给你，有实物作为参照，这 100 个积分的价值就体现出来了。如果没有参照的内容，这 100 个积分对你来说单纯就是无感的数据而已。

每个数据都不是孤立存在的，通过比对关联性可以让数据的逻辑更加清晰。比如股票的价格，如果只告诉你这只股票现在的价格，或许你一点儿感觉都没有，但如果告诉你这只股票当天的涨跌幅度，你通过比对上一个交易日这只股票涨跌多少，再将最近一段时间内的收盘价汇总到一起，就能看到这只股票的涨跌走势情况了，这在一定程度上会影响你对这只股票的判断。这些数据放到一起进行比对就产生了关联性，形成了逻辑清晰的图表。

如图 7-14 所示，左图（原图）是电影的实时票房，虽然每一项都没有给出具体的数值，但你通过趋势图也能轻松地看到最近一段时间内的变化，比较直观，而且不同项在色彩细节上被做了相应的区分。不过，这个设计暴露了两个问题。

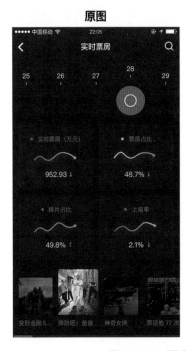

图 7-14　票房界面优化前后对比

- 所选中的电影设计得不清晰，容易被忽视。（当然这跟数据关联性没那么紧密，但起码我们要清楚地知道这是哪部电影的数据。）

- 没有给出前一天的数据作为比对，虽然有曲线和升降的幅度，但我们还是不清楚具体的数据是什么。

根据上述存在的两个问题，笔者进行了优化设计（见图 7-14 的右图），将数据与具体的某部电影进行更加紧密的连接，呈现给用户的界面也更加清晰。

7.3.4　直观呈现数据的结果

数据结果的直观性，就是将用户想要的数据以结果的形式呈现出来，用户不必去比对、测算，这样数据传达就更直观了。你可能会好奇，数据都呈现出来了，不就已经有结果了吗？这还不够直观吗？没错，数据确实呈现出来了，可这不一定是用户想要的结果。比如，某款豪车打 7 折出售，如果你真的感兴趣的话，肯定会拿计算器算一下，这款豪车原价需要多少钱，打 7 折能省下来多少钱。

可见，直接呈现数据的结果才是用户所需要的，那么具体到数据呈现应该怎样设计呢？笔者通过一个例图带你了解一下。如图 7-15 所示，左图为优化产品的结果图，如果只有88 分，用户可能就会疑惑"这是以多少分作为标准计算的"，但这个奖杯图标打消了用户的顾虑，直观地告诉用户优化的结果。图 7-15 的右图是关于服务器分配的图，试想一下，如果只告诉你可用空间为 1.3TB，那么你能明白是怎么回事吗？或许你对这个存储空间到底有多大完全没有概念。而这个饼状图的设计，呈现给用户的结果同样是可用空间为1.3TB，用户却能清楚地知道结果是什么。同样的结果只是表达方式不同，用户的体验就会截然不同。

呈现数据结果的表达方式有很多种，可能只显示重点的数据，可能只是加一个图标，可能只是画一个饼状图……但结果都是围绕用户最想知道的信息而设计的。

所以，在这里设计师应该思考怎样去理解**用户的需求**。图 7-16 所示为 iPhone 手机内存空间占用情况的设计，按照我们通常的理解，应该注重展示"剩余多大空间"，可它却强调"哪些文件占用了你的空间，你需要清理哪些文件"。这是设计的高明之处，因为我们往往在收到"文件无法保存或空间已满"的提醒时才会去查看这个界面，所以清理不必要的文件更重要。iPhone 手机针对占用空间最多的文件用红色做了警示，这更符合用户的需求。

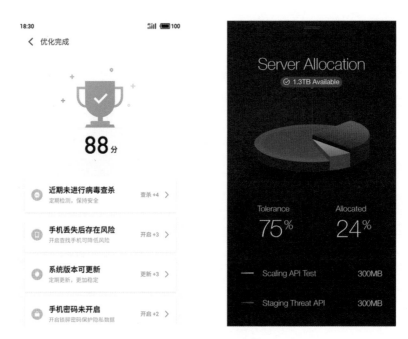

图 7-15　重点数据直观呈现的界面设计

图 7-16　iPhone 手机内存空间占用图

▎小结

通过数据可视化设计，可降低学习成本、提升沟通效率、有效传递信息。数据可视化设计背后有 4 个逻辑。不同的数据传递的信息不一样，我们应选择恰当的图表形式，有必要的话可以将多种图表形式组合在一起来设计；选择好图表后，就进入具体设计阶段，我们要控制好色彩在视觉设计中的应用，体现出数据传递给用户的视觉层级；我们还要考虑数据之间的关联性，清晰地表达数据之间的前后关系；我们应该直接展示给用户他想看到的结果，而不是让用户去计算、去思考整个逻辑过程，因此最终应呈现给用户最想要的结果。

第 8 章

如何打造沉浸式体验设计

沉浸式体验设计对我们来说应该并不陌生，2019 年苹果 iOS 13 系统推出 Dark Mode（暗黑模式），助推了人们对沉浸式体验设计的热捧，现在这种设计仍然风靡全球。2021 年 9 月，字节跳动公司推出一款元宇宙社交产品"Pixsoul"，以打造沉浸式虚拟社交平台，争夺元宇宙市场。2021 年 10 月底，Facebook 宣布，公司名将更改为"Meta"，这反映出该公司对元宇宙的野心。我们都知道在虚拟的元宇宙概念中，应用了各种 VR、AR 等新技术来打造沉浸式体验场景，这让我们领略到沉浸式体验设计的广泛应用。

沉浸式体验是指用户在体验中达到忘我的状态，在不知不觉中被代入体验的情境。例如，看电影的时候完全被故事情节所吸引；玩游戏的时候注意力高度集中，完全沉浸在游戏带来的快感和喜悦中；工作时全身心投入到自己感兴趣的领域中，忘却了时间的流逝，达到了废寝忘食的状态。这些都是在沉浸式体验中所表现出来的一种忘我状态。在沉浸式体验设计中比较出名的成功案例，就要说到土耳其多媒体艺术家兼导演 Refik Anadol 创作的一系列世界级作品。

图 8-1 所示为 Refik Anadol 为庆祝洛杉矶爱乐乐团百年诞辰而设计的一组公共艺术装置"WDCH Dreams"。Refik Anadol 利用 Google 的计算算法，将爱乐乐团官方提供的高达 45TB 的数据进行了可视化，使用 42 台大型投影仪将这个庞大的"数据宇宙"投影在当代著名建筑师 Frank Gehry 设计的音乐厅中。这组装置以夜空为背景，用建筑做画布，大数据光影成为这一切的主角。黑科技与建筑的完美结合，诉说着爱乐乐团百年的历史，呈现出沉浸式的感官体验。

图 8-1　洛杉矶爱乐乐团百年诞辰相关艺术设计

沉浸式体验设计在带给我们震撼的同时，也让我们思考这种设计在产品中的表现形式。在这之前，先让我们搞清楚沉浸式体验的概念是什么。

▌ 8.1　沉浸式体验的概念

沉浸式体验在积极心理学领域是指**当人们在进行某种活动时如果完全投入情境当中，注意力专注，并且过滤掉所有不相关的知觉，就可以进入沉浸状态**。沉浸式体验是一种正向的、积极的心理体验，它使个体在参与活动时可以获得极大的愉悦感，从而促使个体反复进行同样的活动而不厌倦。

沉浸式体验设计虽然是近几年才兴起的，但从人类了解光影以来，人们就在谱写一部沉浸式体验的发展史，光影效果的变化很容易引起人们感官上的改变——追随光影的变化开始集中精神，情境的变化和观者的兴趣点决定了沉浸时间的长短。可见，沉浸式体验需要尽可能排除其他因素的干扰，使参与者保持关注的持续性。在这里我们发现，沉浸式体验在光影的情境中表现出两个非常明显的特征：**一是需要调动声光电，吸引用户的注意力；二是需要较暗或较为安静的外部环境，降低其他因素对用户造成的干扰**（这就是我们看到在沉浸式体验设计中多用深色模式的原因）。图 8-2 所示为 Refik Anadol 创作的名为《消融的记忆》的视觉化作品，该作品通过数据驱动装置，结合数据绘画、光线投影、扩增数据雕塑，重现了脑内回忆的运作机制。在创作这组作品的过程中，Refik Anadol 利用脑电图的算法，收集控制认知神经活动的数据，模拟出多维轨迹的震撼视觉。站在该作品前，观众可以感受到创作者对大脑内部运动的艺术化诠释，思绪完全沉浸在作品无穷的变化之中。

图 8-2　《消融的记忆》

另外，沉浸式体验除了以上的光影表现，在 1975—1988 年这段时间内，心理学家米哈里·契克森米哈赖（Mihaly Csikszentmihalyi）认为沉浸理论（Flow Theory）是指人依照心理驱动力去做自己想做的事，沉浸式体验就是意识动机的外显。他同时也认为，沉浸式体验发生于挑战与人的技能平衡时。换言之，**当挑战与人的技能达到平衡时，人就会进入沉浸状态**，这在玩游戏时表现得淋漓尽致。正如《设计的法则》一书中所诠释的"沉浸"的概念，沉浸式体验使用的是心流（Flow）理论。**心流理论的核心是当人的技能与挑战匹配时，人可以完全沉浸在当前的情境中，忘却真实的世界和时间的流逝**。心流理论对于沉浸式体验的描述更多聚焦于用户的认知体验，即挑战与用户的认知相匹配的体验。而只有既包含丰富的感官经验又包含丰富的认知体验的活动，才能创造令人全身心投入的沉浸式体验。

由此可见，**沉浸式体验是在调动人的感官经验和认知体验，营造出使人高度专注的情境，从而使人忘记真实世界。沉浸式体验设计的关键在于如何保证参与者在感官和认知上能够有所反应，并平衡两者之间的关系**。那么，理解了沉浸式体验的概念，接下来让我们来探索沉浸式体验设计中的深色模式吧！

■ 8.2　沉浸式体验设计之深色模式

晚上不开车灯是很危险的驾驶行为，但你会发现，没有自动感应大灯功能的汽车，在能见度还可以的情况下，司机在专注开车的时候，很容易忘记打开车灯。反之，具备自动感应大灯功能的汽车，会根据车外光线的亮度变化来自动开灯或关灯，仅仅驶过一段隧道的时间，就能自动完成开灯、关灯这一连串的操作，司机只需专注开车，完全可以排除光线不足给驾驶带来的干扰。同样是在汽车行驶过程中，导航突然从白天模式切换到深色模式，司机在查看时，也会下意识地紧张而专注起来，生怕错过什么重要的路口，但反应过来就会发现深色模式更匹配当前的光线，减少了亮光对眼睛的刺激。这也是生活中常见的应对光线变化的沉浸式体验设计。

既然光线变暗或屏幕背景切换为深色可以引发参与者进入沉浸状态，那么是不是表明只有深色模式才能带给用户沉浸式体验呢？当然不是。（很多人都会存在这种错误观念。）虽然在深色模式下，设备屏幕的显示亮度会降低，眼睛受到的刺激也会减少，理论上应该可以缓解用户的视觉疲劳，降低设备的耗电量（OLED 设备在采用深色模式时，其能耗更低），但这并不能说明沉浸式体验就一定是深色模式带来的。

比如，晚上我们在手机上看电子书的时候，手机屏幕会自动切换为深色，刚开始我们可能还不太适应，但过一会儿就适应了。这是因为深色模式会跟晚上昏暗的光线融为一体，而阅读本身又跟阅读的内容、阅读环境息息相关，当阅读的内容和环境融合之后，阅读受到的干扰就会降低。如图 8-3 所示，白天模式的界面是全屏设计的，没有其他干扰因素，我们可以沉浸在阅读之中；切换到夜晚模式，可以结合晚上的光线，最大限度地降低光线对我们的干扰，晚上使用白色背景的设计对眼睛的刺激肯定大于深色背景，所以夜晚模式更匹配晚上读书的情境。同样，我们还可以根据个人喜好选择护眼模式，保护好眼睛。这里的深色模式只有在夜晚的时候才能匹配阅读的情境，白天容易导致看不清字而影响阅读体验。**当然，这些设计都是为了减少对我们的干扰，促使我们在不同光线的情境下都能享受沉浸阅读的乐趣。**

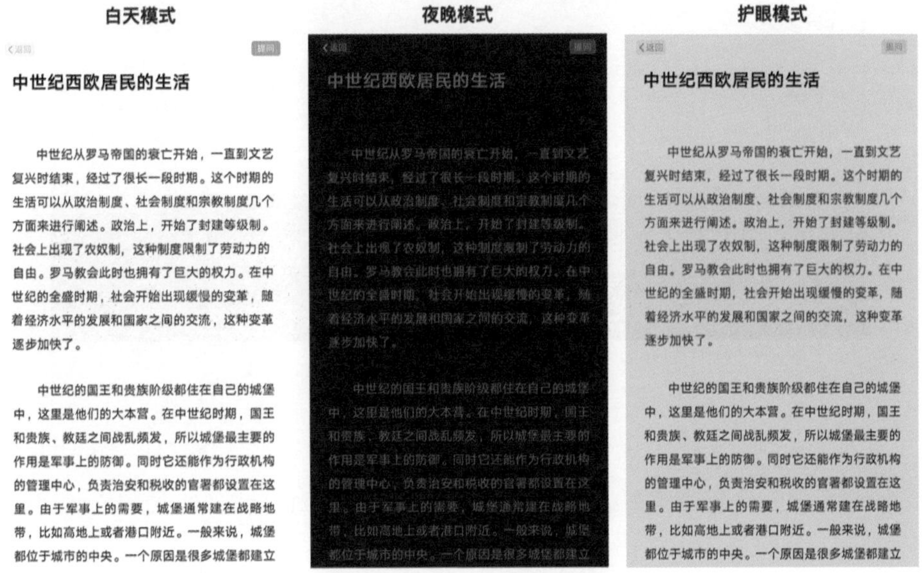

图 8-3　电子书阅读模式设计

可见，沉浸式体验并不一定是深色模式，浅色界面同样可以让我们沉浸其中，只是深色模式更能引发关注。图 8-4 所示为原研哉在 2003 年为无印良品品牌设计的一组名为《地平线》的海报，今天来看这组海报仍可以让我们产生心之神往的沉浸感。但我们从第一张图看到第三张图，颜色变深产生的情境变化是不一样的，第一张图带来的安静、祥和的感觉被接下来两张图的变化给打破了，我们甚至会更认真地关注起来。因为**深色会让我们感知到光线的变化，注意力会迅速集中起来，代入感增强，如果再配以持续性吸引关注的内容，我们就会比较容易地进入沉浸式体验的状态。**所以，沉浸式体验的深色模式的设计比较占优势。

图 8-4　无印良品的海报设计

深色模式为沉浸式体验提供了设计的基础，但我们也应清楚，沉浸式体验设计并不应完全围绕深色模式而展开，还应该探索更多的可能性。那么，沉浸式体验到底该如何设计呢？

▌8.3　沉浸式体验设计之表现形式

沉浸式体验设计需要尽可能地调动五感（形、声、闻、味、触），长时间吸引用户的注意力，尽可能排除其他的干扰。比如，在游乐园中观看 5D 电影的感受，包括震撼的视觉盛宴（形）、余音绕梁的音乐（声）、淡淡的味道（闻）、甜美的食物（味）、座椅的互动（触），这些体验很快就会让游客沉浸其中。在设计中要想实现沉浸式体验，首先要解决的问题就是如何保证用户具有持续的专注力，只有解决了这个问题才能让用户对时间产生错觉，从而保持在沉浸的状态中。

瑞士洛桑联邦理工学院研究发现，并不是所有感官信息都能在大脑中连续形成意识，而是每隔 400 毫秒生起一瞬间，在这段时间间隔里人脑是没有时间感的。换句话说，**交互活动的信息反馈时间必须控制在 400 毫秒之内，这样人才能达到连续的沉浸式体验。**

因此，大多数设计师都会选择叙事性的设计手法，利用有情节和递进的述说方式让观者进入情境，并融入其中。不过这么做存在技术上的挑战，如果不能在画面效果和交互反馈效果上达到高标准，参与者的沉浸式体验就会大打折扣，所以很多艺术家都会借助交互装置让参与者进行沉浸式体验。图 8-5 所示为日本跨界艺术团体 teamLab 打造的系列沉浸式体验展览，该展览的内容为依据季节不断变化的植物——出土萌芽、含苞待放、凋零枯萎，重复轮回，通过这一系列的变化来保持参与者专注力的持续性。

图 8-5　日本跨界艺术团体 teamLab 打造的系列沉浸式体验展览

可见，**沉浸式体验既包含了丰富的感官经验，又包含了只有丰富的认知体验活动才能创造的令人投入的心流。**在产品体验设计中经常采用 Feed 流设计的浏览模式，其目的就是在无形中为用户营造进入沉浸式心流状态所需的情境，让用户感觉有看不完的内容，之后产品再根据用户的浏览记录，筛选出用户感兴趣的内容，使其达到沉浸式体验的状态。当下很火的短视频产品，用户轻轻滑动手机界面就能切换内容，这些内容基本上是根据算法规则匹配出的用户感兴趣的内容，用户在体验时很容易沉浸其中。**产品内容匹配到用户认知层面的兴趣点，交互体验又能匹配到用户的感官经验，这样的设计就为用户营造出了相应的情**

境。当然，网络游戏无疑是营造沉浸式心流比较成功的例子，因此监管部门三令五申要求游戏中必须设置合理的防沉迷模式。否则，大家就会把时间都耗费在网络游戏中了。

这里提及的"心流"的概念，最早是由心理学家米哈里·契克森米哈赖在研究了大量案例之后提出的。他在《发现心流：日常生活中的最优体验》一书中总结了心流的七大特点。

- 高度沉浸：注意力高度集中，完全沉浸在正在做的事情中。

- 体验惊喜：在探索的过程中不断地收获意外的惊喜。

- 内心通透：清晰地知道自己在做什么、需要达到什么目标。

- 有胜任感：知道这件事有难度，但自己依然能胜任。

- 内心宁静：丧失自我察觉，甚至忘记基本的生理需求，达到了废寝忘食的境界。

- 忘记时间：全身心投入后，时间在不知不觉中流逝。

- 内在动机：觉得自己在做的事情源于内心的渴望和对目标的认同。

上述心流的这些特点，每一个都离不开用户的感官经验和认知体验的结合，分析这些特点可以便于我们接下来探寻沉浸式心流体验的设计方法。达到心流状态是产品体验设计中的最优体验。设计师不能只想着实现设计需求，还要去想怎样降低对用户的干扰，持续吸引用户的注意力，设定合理的体验目标，营造引人入胜的代入感等，只有这样才能体现设计的价值，真正影响用户的感官和认知。这些设计需求具体表现在交互、心理、反馈、情境、视觉等细节设计中，笔者将这些表现形式总结为如下 5 种。

- 最省力的感知。

- 场景化的表达。

- 抓眼球的视觉。

- 故事化的情境。

- 情感化的渲染。

8.3.1　最省力的感知

用户在体验产品的过程中，如果效能阻力过大，所需的时间就会增多、错误就会增加，成功完成目标的可能性自然会降低。效能阻力主要体现为用户在体验产品的过程中的感知，如**记忆链路的长短、触发反馈的时长、解决问题的效率、设计元素的干扰、操作步骤及路径**等。效能阻力既包含用户达成目标的认知阻力，也包含反馈到用户层面的感官经验，其中认知阻力反馈的结果基本表现在用户的感官上。所以，我们在体验设计中**缩短用户达成目标的操作路径、实现重复性工作的自动化、减轻用户的记忆负担**，未尝不是一种减小阻力的择优路径。比如，一键注册登录产品的功能、表单中的自动输入个人资料的功能、搜索后面的关键词联想、语音识别文字、验证码的自动输入、银行卡号 4 个数字为一组的分区设计等，都能提升用户在体验产品的过程中的效能。

如图 8-6 所示，左图就是将登录的方式设计成了微信用户或手机号一键登录模式，减少了传统登录中的输入用户名、密码和验证码等环节；中图将不容易记忆的银行卡号做了 4 个数字为一组的分区设计，便于用户输入和记忆；右图将我们选择日期和时间的方式设计成了滑动的方式，大大缩短了用户的操作链路。每多一步操作就会增加用户流失的风险，减少相应的操作可大大提升用户达成目标的效能。

图 8-6　登录界面设计

可见，在交互层面进行一些很细微的设计优化，能有效降低用户体验中的认知阻力，用户达成目标的效能自然就能提升，用户在感官上自然就会收获一个不错的反馈，所以我们将这种表现形式称为最省力的感知。别小看这些细节设计，它们在引导用户顺利进入沉浸式体验的过程中可立下了不小的功劳。这仅仅是交互层面的细节设计，我们再来看引人入胜的场景是如何将用户代入的。

8.3.2　场景化的表达

前面一些案例中提及的沉浸式体验所需要的光线、安静、深色等场景，为参与者营造了进入沉浸式心流状态所需的情境。这在设计中表现为场景化的视觉设计，通过渲染氛围来提升场景化设计的表达。前面介绍的沉浸式体验的设计略显单一，我们还应探索丰富的场景化表达。比如，电商产品搞活动时渲染出红红火火的闹市感、科技产品公司介绍高科技产品时渲染出前沿科技的未来感、游戏产品中的原画设计能将玩家代入虚拟的幻象当中等，这都是在用场景化设计渲染氛围，可以为用户进入沉浸式心流状态开一个好头。

场景化设计的代入感很强，是感官和认知结合在一起的体验形式。迪士尼乐园就充分利用了这种场景化设计，打造了场景化体验玩法，翱翔飞跃地平线、小熊维尼历险记、创极速光轮、爱丽丝梦游仙境……几乎每个项目都在利用场景化设计，使游客跟随场景的变化开启一段段奇妙的旅程，这是真实的体验场景。在设备界面的设计上，我们同样可以营造这样的场景。

如图 8-7 所示，左图的网易云音乐播放界面可选择切换到卡带模式，切换后进入中图体现复古怀旧情怀的拟物化界面设计，点击横屏的卡带界面可暂停播放音乐，音乐播放中则卡带转动则播放音乐。这样的设计不禁让人想起右图的界面，曾经的虾米音乐在横屏时就采用卡带模式，虽然网易云音乐很好，但虾米音乐也曾是很多人心目中的"白月光"。这两款产品采用怀旧卡带的场景化设计，让用户欣喜不已，用户可以开心地进入美妙音乐的沉浸式心流状态。

可见，场景化设计渲染的氛围为用户进入沉浸式心流状态开了一个好头。使用户进入沉浸式心流状态难道只有场景化设计这一种方式吗？显然不是的。使用户进入沉浸式心流状态的关键是抓住用户的注意力，震撼的视觉设计未尝不是一种很好的选择。接下来让我们看看在视觉上应如何呈现才能吸引用户。

| 网易云音乐切换卡带弹窗 | 网易云音乐卡带模式 | 虾米音乐在横屏时进入卡带模式 |

图 8-7　场景化的界面设计

8.3.3　抓眼球的视觉

提到在视觉设计上抓住用户的眼球，我们的脑海中可能立马就会浮现出那些炫酷、火爆、炸裂的光影特效，以及呈现出的未来科技感、全明星豪华阵容、超大场景布局等画面。设计师们也比较喜欢设计这些纯视觉的表达，其成品不仅看着很有成就感，而且还能体现出设计感。甲方在提设计需求的时候，也喜欢提类似的要求（想要炫酷的、视觉冲击力强的效果等）。这在游戏的范本里被演绎得淋漓尽致——各种炫酷的打斗场景、游戏人物精致的服饰等。

如图 8-8 所示，不知火舞原是日本游戏《拳皇》中女忍者的形象；杨玉环是中国古代四大美女之一，结合琵琶营造出满满的中国古典美；马可波罗在绿茵场上踢球，体现了跨越时空的场景；夏侯惇乘风破浪的夏日之旅，也极具刺激的运动感。每个英雄皮肤风格的设计都深得玩家喜爱，他们不惜花费重金买下，这种喜爱的程度就为玩家进入沉浸式心流状态做好了铺垫。

在视觉设计上抓住用户的眼球只有游戏这种炫酷的设计吗？显然远不止于此。抓眼球的设计不局限于炫酷的设计，只要是依照用户的喜好而设计的产品，用户大多会喜欢，例如你喜欢的那些顶级豪车摆在你的眼前，亲身体验那些精心设计的湖岸住宅、心心念念写在旅行规划里的向往之地、餐桌上的人间美味等。正因如此，那些美食美景的宣传，只需拍摄精美的写真图片，根本不需要华丽的视觉特效，就能轻松俘获用户的"芳心"。

图 8-8　游戏里英雄皮肤的设计

可见，抓住用户的眼球，不局限于那些大制作、大场景的炫酷设计，真正了解用户的喜好才是设计的关键。我们在做品牌设计的时候，应有一套严格的品牌视觉形象设计规范，这套规范可以保证接下来的延展设计都能延续整个品牌设计的基调，保持品牌在用户心目中的统一性，长期俘获用户对品牌的"芳心"，这样品牌的商业价值才能稳固。抓眼球的视觉在将用户领进门这一关卡中功不可没。用户已被领进门，接下来的关键是保持住用户的兴趣点，让我们来看看故事化的情境是如何做的。

8.3.4　故事化的情境

故事化的情境是指采用叙事的方式设计出故事里的丰富情节，通过故事营造一个个情境与用户互动，使用户展开想象、产生情绪波动、加深对故事内容的理解。**叙事性设计的基本元素包括背景（提供时空感）、角色（让观众感同身受）、情节（故事讲述）、沉浸（让用户忘**

记媒介的所在）、气氛（音乐、灯光、意境）、流动（节奏），在这些元素的综合作用下，用户可以保持专注力的持续性。

故事化的情境，多以一些生活中的人或事来体现，可以是反映社会现实的漫画、用户你喜欢的人、生活中的写实瞬间、丰富的想象力等。通过描绘一些有很强场景代入感的画面或者叙述一些故事情节引人入胜，用户优先被代入场景或被这些故事情节吸引。这样设计的主要目的就是深深地吸引用户，勾起用户的一些经典回忆，使用户产生情感共鸣。

8 月 24 日是 NBA 的球员科比·布莱恩特的纪念日——"科比日"。2020 年 8 月 24 日，夸克浏览器将其搜索主页换成了纪念科比的主题，如图 8-9 所示。原本搜索栏上方的夸克的 Logo 变成了展现科比在洛杉矶凌晨 4 点挥洒汗水苦练球技的场景动画，引发了球迷对科比的怀念。

图 8-9　夸克浏览器故事化的界面设计

可见，通过故事使用户展开想象、产生情绪波动、加深对故事内容的理解，可以有效调动用户参与的积极性，这也是在故事化的情境中使用户保持专注力的关键内容。那么，除了故事化的情境能感染用户，还有其他能影响用户情绪的设计吗？让我们来看看下面的内容。

8.3.5　情感化的渲染

故事能感染用户，带动用户的情绪发生变化，除此之外，还有什么可以影响用户的情感呢？唐纳德·A. 诺曼在《情感化设计》一书中指出，情感化设计反映了设计的本质与产品的内在价值无关，设计的本质是联络产品与用户情感的纽带。产品真正的价值可以满足人们的情感需要，最重要的一种需要是建立其自我形象和其在社会中的地位。也就是说，产品对用户的价值就是可以满足用户的情感需求。其实我们在前面介绍"发挥情感化设计的纽带作用"时已经做过很大篇幅关于情感化设计的讲解了。**产品可以通过创新的体验设计与用户建立情感上的连接，当触及用户内心并与用户产生情感上的互动时，情感化设计的价值就被体现出来了**。在这里笔者想强调的是，情感化设计在产品中的应用越来越多，用户发现一个隐藏的小惊喜、高效的快捷功能、无障碍的体验流程、高识别度的图标设计等，都能在情感上与产品实现互动。

产品与用户只要建立了情感上的连接，用户的负面情绪就可能被转移，用户一旦认同产品，产品对用户的价值就被体现出来了。比如，用户听到喜欢的歌曲却不知道名字时，而且在产品中也不知道如何找到它，这时网易云音乐的听歌识曲功能就可以帮助用户转移负面情绪。虽然网易云音乐的这个功能已经不是什么新功能了，但依然对用户有价值，用户通过产品找到了想听的歌曲，就与产品建立了情感上的连接。图 8-10 所示为听歌识曲界面的设计。左图为用户进入的听歌识曲功能界面，触发该界面后，产品会识别出 1~3 首歌曲供用户选择（中图），识别结果会精准定位到当前歌曲播放歌词的位置，并且歌词会跟着播放内容自动滚动。右图是用户滑动选择识别结果精准的歌曲，如果该歌曲不是正在播放的曲目，用户也可通过滑动手势查看歌词。整个歌曲识别与歌曲二次确认的过程体验都很方便，简单友好，这就坚定了用户对产品在情感上的认同，笔者也非常喜欢这个功能。

图 8-10　听歌识曲界面的设计

可见，在产品中进行情感化的渲染，关键是与用户建立情感上的连接。设计的形式各式各样，但它们都围绕用户体验这个核心而展开，可以是功能层面的，也可以是视觉层面的，还可以是细节交互层面的。设计只要能体现产品对用户的价值，占据用户的心智，就能传递出情感。

■ 小结

沉浸式体验设计作为引领趋势的设计，引发体验的心流模型是关键。当人们在进行活动时，如果完全投入情境当中，注意力集中，并且过滤掉所有不相关的知觉，这就达到了产品的设计目的。从传统意义上理解沉浸式体验，似乎跟声光电的变化和较暗的环境密切相关，因此很多沉浸式体验设计都采用了深色模式，深色模式更易于用户进入沉浸式心流状态，但不代表沉浸式体验设计只有深色模式。沉浸式体验设计的关键是使用户保持专注力的持续性，尽可能地调动五感（形、声、闻、味、触），长时间吸引用户的注意力，尽可能排除其他干扰。笔者通过最省力的感知、场景化的表达、抓眼球的视觉、故事化的情境、情感化的渲染这 5 种表现形式介绍了应如何进行产品的沉浸式体验设计。

第 9 章

如何设计阅读顺序

设计师根据产品自身的需求设计界面，当产品被开发完上线后，设计师需要关注新版本的运营数据，并对比之前的数据确认是否已发生变化。如果运营数据不升反降，同时通过分析得出由于位置不好、交互不好、设计不好等原因导致数据下滑的结论，那么设计师需要继续优化界面，这样反反复复就形成了对产品的不断迭代。在整个分析原因的过程中，很少有设计师关注用户的阅读顺序。如果沿着用户的阅读顺序这条主线去优化设计，寻找背后的设计规律，是不是更有针对性呢？

■ 9.1　用户阅读顺序的规律

关于用户的阅读顺序，已经有很多成熟的理论模型，其中影响力较大、引用较多的有对角线平衡法则、F 形视觉模型和 Z 形视觉模型。

9.1.1　对角线平衡法则

早在 14 世纪，西方活字印刷术的发明人约翰·古登堡就提出了古登堡图（Gutenberg Diagram），又称对角线平衡法则（Diagonal Balance）。古登堡图的画面按用户阅读重心的顺序被分为 4 个象限。

- 第一视觉区 (Primary Optical Area)：左上方，阅读流程的起点。

- 最终视觉区 (Final Optical Area)：右下方，阅读流程的终点。

- 强闲置区 (Strong Follow Area)：右上方，较少被注意到。

- 弱闲置区 (Weak Follow Area)：左下方，最少被注意到。

实际上，古登堡图呈现的是用户的眼动规律。用户在阅读整个界面的内容时，视线移动顺序遵循从上到下、从左到右的眼动规律：左上方是第一视觉区，是阅读流程的起点；右下方是最终视觉区，是阅读流程的终点；右上方和左下方都是视觉关注较少的区域，比较容易被忽略。古登堡图如图 9-1 所示。

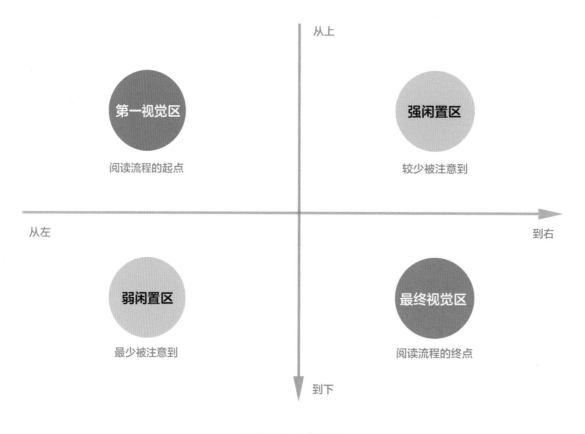

图 9-1   古登堡图

知道这个规律以后，设计师在设计界面的时候，就会考虑各元素的摆放位置了。设计师可以把重要的信息放在第一视觉区，最想实现转化的信息放在最终视觉区，重要信息避开强闲置区和弱闲置区。

图 9-2 所示为某汽车门户网站界面的设计，第一视觉区呈现网站的核心功能，帮助用户以最快的速度找到想要的车型；为了避免强闲置区的信息被弱化，此区域的信息同第一视觉区的信息组成整体模块，以更好地引导用户从左到右阅读；弱闲置区放置了幻灯焦点图信息，图片区域比较大，也能吸引用户的目光；最终视觉区作为阅读流程的终点，呈现的是网站每天更新的最新资讯。可见，这个网站界面的整体设计排列方式不仅符合古登堡图的阅读原理，还符合产品的业务定位。

图 9-2　某汽车门户网站界面的设计符合古登堡图的阅读原理

9.1.2　F 形视觉模型

除了古登堡图，还有 Web 易用性大师雅各布·尼尔森（Jakob Nielsen）于 2006 年提出的 F 形视觉模型，即用户在第一次观看页面时，越往下阅读，从左到右的横向距离就越短，视线的浏览轨迹最终呈现出 F 形。

视线的浏览轨迹呈现出 F 形的阅读规律，笔者之前都不相信，直到技术人员导出一份用户浏览轨迹的热力图，笔者才相信。你不妨也根据自己浏览页面的轨迹印证一下。图 9-3 所示为视线的浏览轨迹呈现出的 F 形热力图。尼尔森提出的这种视觉模型更适合 PC 端屏幕的界面，这种界面更能体现 F 形的浏览轨迹。这种视觉模型有助于我们在做此类设计的时候，分清内容模块以展示层级。

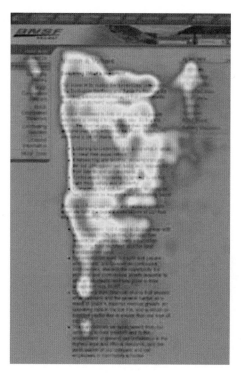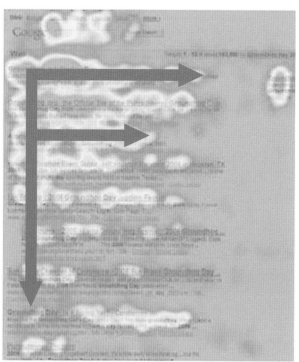

图 9-3　视线的浏览轨迹呈现出的 F 形热力图

9.1.3　Z 形视觉模型

古登堡图，主要体现用户的眼动规律；F 形视觉模型，主要呈现用户的视线浏览网页的轨迹。有没有一种适合移动端的阅读顺序的规律呢？当然有，这就是基于古登堡图而产生的一种 Z 形视觉模型，此类模型多出现在移动端的双列信息流设计中，即用户的眼睛从左向右移动后，开始下移，再次从左向右移动，视觉移动的轨迹呈现出 Z 形。

Z 形视觉模型是我们在移动端产品中经常可以体验到的一种设计。在电商、美食、娱乐、旅游、视频、美图等产品中多会使用双列信息流的设计，Z 形视觉模型对图片质量的要求较高，因为此类设计多以将具有高识别度的信息（如精美的图片）传达给用户，便于用户在双列信息流中迅速甄别喜欢的内容。

图 9-4 所示为 Z 形阅读轨迹图，为了弱化 Z 形体验，设计师还故意将双列信息流错位排列，这样易于用户的视线下移，缩短距离，最终阅读体验形成的轨迹是有点斜的 Z 形阅读轨迹。

图 9-4　Z 形阅读轨迹图

了解了古登堡图、F 形视觉模型、Z 形视觉模型，就能做好阅读顺序的设计吗？用户阅读顺序的规律，只能在一定程度上作为设计的依据。接下来，我们通过列表页设计中的阅读顺序来进一步理解这些阅读规律。

▌ 9.2　列表页设计中的阅读顺序

列表页基本采用图文排列的方式，给人的感觉是"没什么可设计的"。确实也是如此，因为元素相对单一，所以最初笔者也是这么想的，每设计好一部分后，不断向下复制以形成整个列表，事实上笔者也确实就这样做了好多年。直到有一次，产品中的列表页设计被领导指出留不住用户时，笔者才开始认真反思列表页设计中关于用户阅读顺序的规律。

如果你认真地体验过很多产品的列表页设计就会发现，列表页虽然采用图文排列的方式，但有很多种组合方式，不同的组合方式对用户阅读的影响不尽相同。有的列表页把图片放在上面或下面，有的列表页把图片放在左边或右边，有的列表页文字区域留白很大，有的列表页图片占比很大，有的列表页文字设计很突出等，这些不同的细节设计给用户带来的体验感受完全不一样。如图 9-5 所示，左图中图片放在上面，占比很大，占据了视觉重心，那么阅读标题的重心就降低了；而右图中图片放在右边且文字区域留白很大，用户可能认真阅读完标题才看到图片。这些阅读体验的差异，潜移默化地影响着用户的阅读顺序，我们可以通过对比阅读感受两者的区别。

图 9-5   阅读对比图

如果列表页在设计上没有任何突出之处，用户看了自然也是一扫而过，不会对内容留下什么印象。那么，如何设计列表页的阅读顺序呢？要弄清楚这一点，我们先要弄清楚用户是怎样阅读列表页上这些信息的。笔者在前面介绍古登堡图时提及的用户的视线移动顺序遵循从上到下、从左到右的眼动规律，在列表页的阅读顺序上是怎么体现的呢？实际影响用户阅读顺序的因素可能有很多，而排列方式带来的影响更大。比如，列表页设计采用左图右文和上图下文两种排列方式，这两种排列方式带给用户的阅读体验截然不同。所以，我们要弄清楚，列表页设计一般有几种排列方式，这些排列方式对用户的阅读顺序分别会产生怎样的影响。

列表页根据图文组合的排列方式分类，可分为 4 种：左图右文、左文右图、上图下文、上文下图。

9.2.1   左图右文

列表页设计采用左图右文的排列方式，用户会优先对图片做出反馈（用户的视线从左向右移动），之后才会看到文字。图片可以帮助用户快速从列表页中筛选出想要的信息，减弱文字的影响，所以在左图右文的设计中，图片占据了视觉重心，此类设计对图片精度的要求相对较高。如果图片没能吸引用户，转化率势必就会受到一定的影响。如图 9-6 所示，用户看到商品、头像的图片就可以快速找到想要的信息。

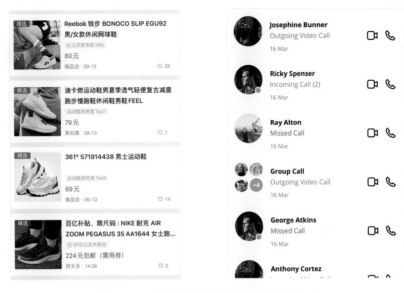

图 9-6　采用左图右文排列方式的列表页

左图右文的排列方式，最适合的产品类型莫过于具有商品属性的产品，采用这种方式，用户可以先看到产品图片；再就是使用频率较高的社交类产品，头像作为社交对象的高识别度载体，很容易引起用户的注意（比较让人崩溃的是那些喜欢换头像的人）。

如果你想让用户在列表页中快速筛选信息，而且看图片确实就够了，在不需要的情况下不用细看标题，那就可以在设计中采用左图右文的排列形式。

9.2.2　左文右图

列表页设计可以采用左文右图的排列方式，这种排列方式主要依据的是用户从左到右的阅读规律，此类设计会尽可能多让用户优先阅读列表页中的文字，用户读完文字再关注右边的图片。同时，前面也讲过，相比文字，图片可以帮助用户快速筛选列表页中的信息，对用户阅读的影响肯定更大。所以说，如果文字部分没能吸引用户，好的配图还会产生二次转化。如图 9-7 所示，左图没有配图的设计看上去没有重心，右图有配图的设计就好了很多，用户可以快速甄别信息间的差异，对内容的理解更加完整。

左文右图排列方式的优势是用户所阅读的列表页的信息会相对完整些。所以，此类排列方式特别适合资讯类产品的信息列表页的设计，它不仅可以提高用户浏览信息的完整性，还能提升列表页信息的转化率。

21世纪了，保护动物的议题又被提起。

VV体验·06：22　　　　500人参与了评论

生活为了让你成长，往往会不停地戏弄你，就看你的造化了。

VV体验·12：45　　　　39人参与了评论

设计越来越被重视，不等于设计就可以改变世界。

VV体验·20：13　　　　200人参与了评论

图 9-7　没有配图的设计和采用左文右图排列方式的设计

9.2.3　上图下文

上图下文的排列方式相比左图右文的排列方式，有异曲同工之妙。用户的阅读顺序通常是自上而下的，图片作为视觉聚焦的重心，弱化了文字的表达，可这跟左图右文的排列方式有什么区别呢？细心的用户应该会发现，在上图下文的排列方式中图片表达的视觉层级远远高于在左图右文的排列方式中图片表达的视觉层级；采用左图右文的排列方式，文字还具备一定的可读性，而采用上图下文的排列方式，文字的可读性就被大大弱化了。上图下文阅读对比图如图 9-8 所示。

上图下文的排列方式对图片的要求很高，多在大图、多图、视频的封面设计中被应用。这类图片的质量都非常高，具备一定的观赏性，用户聚焦在图片上的视觉层级变得更高，这直接影响用户能否产生阅读的兴趣。

图 9-8　上图下文阅读对比图

我们在很多时尚产品或文艺产品中经常见到这种排列方式。在这样的设计中，图片被赋予了更重要的意义，甚至在一些大图封面里直接将核心标题也设计进去，这样对内容的表达就更加直接了。上图下文的排列方式在一些影像相册、艺术鉴赏、影视视频等类型的产品中被采用得比较多。这种设计形式的图片不仅质量很高，鉴赏性也很强。

9.2.4　上文下图

前面介绍的古登堡图揭示了用户自上而下的阅读规律，这就表明上文下图的排列方式更有助于用户阅读标题。这样的设计形式多见于阅读类的产品中，通常是为了提升某些信息的比重而设计的模块，相比上图下文的排列方式，这类排列方式的标题被用户优先阅读的层级更高一点。上文下图的排列方式经常在多图、大图的资讯类产品中被采用，如图9-9所示。

图 9-9　上文下图阅读对比图

了解了用户阅读顺序的规律，又了解了列表页中影响比较大的图文排列方式，或许我们觉得已经很清楚应该怎样设计列表页的阅读顺序了。其实远没有那么简单，列表页设计看似只有图文排列方式的变化，但影响用户阅读顺序的细节还有很多，这些细节具体有哪些呢？

■ 9.3　影响阅读顺序的设计技法

笔者以一款资讯类产品的列表页设计为例，介绍使用不同的设计技法会产生怎样的变化。通过例图对比我们可以看到，即使很小的细节也能影响用户的体验。

如图 9-10 所示，序号 1 为左图右文的正常模式；序号 2 中的图片加上圆角后，我们会发现视线顺着圆角的方向往文字方向倾斜，文字的视觉层级自然比序号 1 高；序号 3 只是改变了文字与图片的对齐方式，通过对比我们会发现，文字同图片的关联性变得紧密了些，所以文字的视觉层级比序号 1 高；序号 4 缩小了图片的区域，扩大了文字区域的展示，通过对比，我们同样会发现文字的视觉层级被大大提高了。

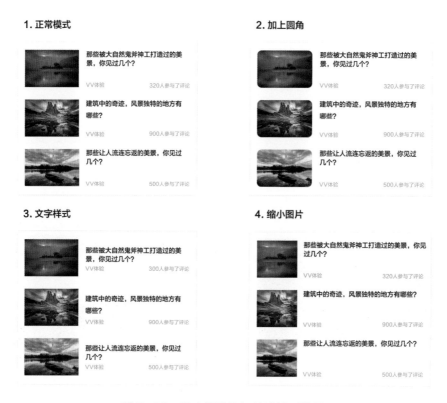

图 9-10　影响阅读的细节设计对比图

通过这些细节的设计变化，用户的视觉重心就发生了偏移，从而改变了用户的阅读顺序。我们应该也可以看出，影响列表页阅读顺序的因素不仅包括图文的排列方式，还包括一些细节设计。这些细节设计所对应的设计技法都有哪些呢？笔者总结了 7 个：卡片设计、适当留白、图文比例、解放字体、线条长短、运用圆角、增加互动。

9.3.1　卡片设计

卡片设计可以起到区隔的作用，相比扁平化设计，它可以让信息层级瞬间脱颖而出。图 9-11 所示为两种不同的设计形式，序号 1 使用正常模式，序号 2 使用卡片设计。试着比较一下我们会发现，序号 2 使用卡片设计的效果，信息层级的独立程度明显高于序号 1。信息层级的独立程度越高，对用户视线的干扰就会越弱，这样就可以引导用户更完整地阅读完单条信息。运用好卡片设计可以大大降低其他信息的干扰。

图 9-11　卡片设计影响阅读对比图

9.3.2　适当留白

自原研哉在《设计中的设计》一书中提出"留白"的设计理念后，这一理念就得到了众多设计师的推崇。在 Feed 流的列表中设计留白，多体现为文字对齐方式的改变，以及文字与图片之间、列表上下间隔所呈现出来的留白。图 9-12 所示的两张列表图，我们可以试着比较一下，左图的留白明显好过右图的紧凑设计，进而影响用户的阅读顺序。留白区域越大，单条信息的沉浸感就越强，用户在阅读单条信息过程中受到的干扰就越小，用户的阅读顺序也会随之发生变化。

图 9-12　适当留白影响阅读对比图

9.3.3 图文比例

图片在整体版面中所占的比例，直接影响用户视觉聚焦的重心。图 9-13 所示的两张列表图，你可以试着比较一下，同样是左文右图的排列方式，差别却比较大：右图中的图片占的比例较大，图片可以优先被用户捕捉到；左图中文字占的比例较大，文字对用户阅读的影响明显增大。图片在整体版面中所占的比例越大，文字所产生的影响就会越小。图文的设计比例，将直接影响用户阅读内容的顺序。

图 9-13 图文比例影响阅读对比图

9.3.4 解放字体

列表页中的文字设计不是一成不变的，文字的大小、颜色、对齐方式的不同都能使用户产生不同的视觉体验。图 9-14 所示的两张图，你可以试着比较一下，同样是左文右图的排列方式，左图的设计效果明显比右图好。右图的文字字号变小了，因此视觉层级就降低了很多，用户的视线就聚焦到图片上了。字号大一点、字体粗一点，或者排列方式变一变，对用户视线的影响都会发生变化，最终势必会对用户的阅读顺序产生影响。

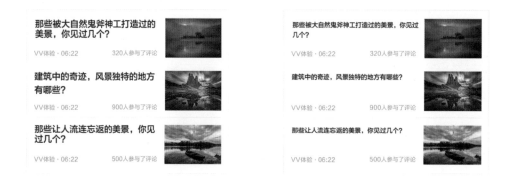

图 9-14 字号大小影响阅读对比图

9.3.5　线条长短

线条作为使用比较多的分界设计元素，它的长短、间隔、深浅都能引导用户的阅读顺序发生变化。

图 9-15 所示的 4 张列表图，我们可以试着比较一下，不知道大家是否已发现，同样是左图右文的排列方式，仅仅是分隔线长短的变化，就可以达到不同的引导效果。

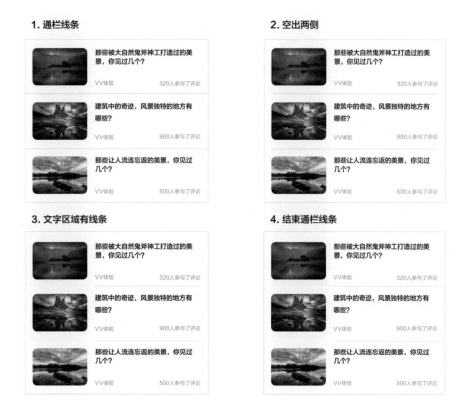

图 9-15　分隔线影响阅读对比图

序号 1 通栏线条：通栏线条的阻断性比较强，多被用作栏目标题的分隔线，引导用户阅读标题下的内容。序号 2 空出两侧：两侧留出空隙的分隔线，加强了上下文信息的延续性，引导用户向下浏览。序号 3 文字区域有线条：留出图片区域，只分隔文字区域，相比通栏的线条，文字区域的线条灵活、简洁了许多，可以引导用户的视线向标题倾斜。序号 4 结束通栏线条：线的开端处留出空隙而在结尾处延伸到屏幕，这样的线条可以引导用户的操作进入内容详情，而不是向下延伸。

可见，线条设计元素的长短对用户视线的引导作用非常大。在界面设计中，线条使用较少，整个界面的内容就会层次不清；线条使用较多，整个界面的内容又会略显凌乱，不够简洁。所以，线条的使用相当考验设计师对设计元素的理解。

9.3.6　运用圆角

人眼更容易处理圆角，直角比较尖锐，处理的层级相对就会低一些，也就是说用户对圆角的接受程度更高。圆角在设计中被使用得越来越多，圆角比直角显得更加友好。

图 9-16 所示的两张列表图，我们可以试着比较一下，同样是左文右图的排列方式，右图中的图片使用圆角设计，让人感觉更亲切，引导用户阅读的视线是动态的。圆角为什么会影响用户的阅读顺序呢？原因主要是直角传递给用户的感觉是静止的，而圆角的圆滑角度传递给用户的感觉是流动的，更容易引导用户的视线向前延伸。

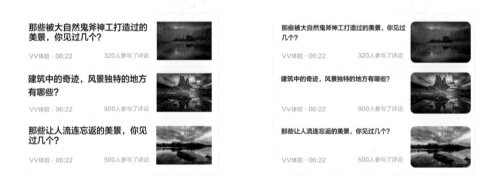

图 9-16　圆角影响阅读对比图

9.3.7　增加互动

我们或许会发现在很多论坛的 Feed 流列表中，还有很多互动元素会影响用户关注的重心，这些互动元素包括评论、分享、点赞、作者信息等。图 9-17 所示为某产品的个人动态和视频信息列表，因为显示的设计层级偏高，所以用户对内容感兴趣，我们自然可以引导用户参与互动。

用户对内容产生了兴趣，就会不由自主地想发表一些自己的观点。哪怕只是简单的"谢谢分享"几个字，也充分表达了用户对内容发表者的肯定和鼓励。互动元素不仅会影响用户的阅读顺序并触发用户的行为，还会影响其他用户对内容的考量，可见增加互动对阅读的影响是非常大的。但用户也会发现，在纯资讯类文章的列表中，很少有直接互动的入口，即使有，也需要进入详情页才能互动。这是因为文章列表的触发热区是整个模块，关键是要引导用户阅读文章才能产生转化，而非在信息列表中互动。

图 9-17　互动细节影响阅读对比图

随着信息时代的发展，设计也在不断创新，影响用户阅读顺序的设计细节远不止上述这些，笔者期待与大家共同学习探讨。

█ 小结

列表页作为界面设计中比较简单的一部分内容，我们很少会花费太多的精力去做，但它却是产品中承载、分散、聚合信息最多的模块，体验设计好不好直接影响用户获取信息的情况。笔者经过学习研究才了解清楚用户阅读顺序的规律，弄清楚列表页中图文排列的 4 种方式，从实际设计中总结出 7 个影响用户阅读顺序的设计技法。设计师可以利用用户阅读顺序的规律，通过细节设计的变化，改变视觉重心的引导层级，从而使产品体验设计更能体现产品的价值，更符合用户的阅读习惯，传递给用户更完整的信息。

第 10 章

如何设计产品中的细节

细节设计，看起来很细微，但对用户的影响却很大。比如，生活中常见的家具有很多边边角角，设计成倒角，不仅美观，还能降低用户磕碰的风险；自行车把手增加握手抓痕的设计，不仅可以防滑，还可以改善把手的握感；改锥头部的磁性设计，不仅可以吸起散落的螺丝，还能在细小的缝隙中安装螺丝。这些细节设计算不上多大的创新，但对用户来说却非常友好，再贴心不过了。

试想一下，用户因为什么而喜欢上某种产品呢？具备某种功能只是用户使用产品的前提条件，同样的功能很多产品都有，但用户经常使用的却只有那一两种产品。所以，这就要看产品是如何通过细节设计来占据用户的心智的。与产品相关的幽默风趣的文案、制作精良的动画、贴心快捷的小交互等细节，都可以是用户选择产品的原因，这些细节可以起到"四两拨千斤"的作用。比如，导航产品的设计方式有很多种，如列表式、标签式、抽屉式、九宫格等，其中有一种导航产品叫 Path，其交互形式新颖、动效细腻、体验便捷。图 10-1 所示为 Path 导航的界面设计。尽管 Path 导航的服务和条款已在 2018 年 10 月 18 日终止了，但这种导航的交互设计依旧还有很多产品在使用，可见 Path 导航的创新设计的影响力有多大。

图 10-1　Path 导航的界面设计

关于产品细节设计的案例不胜枚举，但在设计过程中这些细节设计却经常被简化，理由也有很多，如项目排期紧、不了解用户的需求、没必要去改变、图省事、不知道从何做起等。其实这些理由归根结底还是因为捋不清思路，设计师不知道如何下手。所以，接下来就让我们一起来探索如何设计产品中的细节。

■ 10.1　产品中细节的设计原则

要探索产品中的细节设计，仅凭我们对产品的理解和整理是不够的，我们还应该学习一下大师们的设计成果，这样我们才能明确探索的方向。比如，著名心理学家唐纳德·A.诺曼在设计心理学系列书籍中提及："设计实际上是一种沟通行为，它意味着设计师要对与之沟通的人有深入的了解。"所以，在探索产品中细节的设计时，不遵循一定的章法就会让人无所适从。接下来我们按大师的设计原则来探索细节设计的方向，看看能有什么启发。

10.1.1　好的设计应遵循的十大原则

德国著名的工业设计师迪特·拉姆斯（Dieter Rams）认为，好的设计应遵循十大原则（也被称为"设计十诫"）。这些原则被后人奉为"设计的至高准则"，具体内容如下所述。

好的设计是创新的。 迪特认为好的设计不是衍生品，它必须推动我们一步一步地向前发展，走向科技创新。

好的设计让产品实用。 除了产品的功能，迪特还提到了精心设计的产品在我们的自我认知和对事物的心理认知中所发挥的作用。

好的设计是美观的。 迪特认为好的设计应该把一个产品的"累赘"去掉，而只留下它的功能。装饰（为设计而设计）不具备美学性，因为它不能发挥物体的功能。

好的设计让产品更易懂。 好的设计可以清晰地呈现出产品的结构，它能让产品自己"说话"。正如唐纳德·A.诺曼所提到的用"指示符"的信号来提示用户如何操作一样。

好的设计不会引人注目。 满足某个目标的产品就像工具，它既不是装饰品，也不是艺术品。它的设计是中立的、克制的，为用户的自我表达留出了想象空间。

好的设计是诚实的。好的设计会呈现产品最重要的功能，而不会提供过多无用的功能，扰乱用户的视听。

好的设计是持久的。设计如果追随潮流，一旦当下潮流退去，留下的就是"一地鸡毛"。好的设计不受潮流的影响。

好的设计注重细节。设计中的惊喜和表达，能体现出设计师对产品设计的用心，也能体现出设计师对用户的感同身受，这些惊喜和表达是产品细节的组成部分。

好的设计是环保的。设计不应该浪费资源，而应该为保护环境做出贡献——既能节约资源，又能将污染的范围最小化。

好的设计是尽可能少的。少就是多，把产品本质的部分体现出来就够了，过多的修饰反而成为一种负担。

从迪特的好的设计应遵循的十大原则中，我们能收获哪些对产品的细节设计有价值的信息呢？虽然迪特的原则偏向于硬件设计，但丝毫不影响其在产品设计中的通用性。在迪特所提及的**创新、实用、美观、易懂、低调（不引人注目）、诚实、持久、注重细节、环保、简洁（尽可能少）**的十大原则中，除了环保偏硬件，其他原则几乎都是我们在产品设计中所追求的原则。这些原则虽然看起来比较宽泛，但是能涵盖很多细节设计。接下来让我们再来看看另外一位大师关于页面交互设计的十大原则，以便于我们更好地挖掘产品中的细节设计。

10.1.2　页面交互设计的十大原则

被《纽约时报》称为"Web 易用性大师"，被 *Internet Magazine* 称为"易用之王"的雅各布 · 尼尔森提出了页面交互设计的十大原则。

状态可见原则：保持页面的状态可见、变化可见、内容可见。

匹配场景原则：使用用户可以理解的语言，而尽量不使用系统里的技术术语。

用户可控原则：用户可以轻松掌控产品，即使误触发其他控件，也能轻松完成模块间的切换和返回。

一致性原则：遵循统一的设计语言，而且交互、色彩、操作、反馈、文案等都能遵循统一的设计规范。

防错原则：在用户可能犯错时及时提醒，用心设计以防止这类问题发生。

容易记忆原则：减轻用户在操作环节的记忆负担，去除冗余信息。

灵活高效原则：产品应帮助用户解决问题，而不应增加用户的操作成本。

优美且简约原则：只保留对用户而言最有价值和最关心的内容，删除那些无关紧要的信息，多余的信息反倒会对用户的体验造成不必要的干扰。

容错原则：用户在体验产品的过程中，经常发生一些错误操作，要为用户建立可以弥补错误的通道。

人性化帮助原则：为新用户提供贴心、快速了解产品的机制，针对过多的操作和复杂的步骤，有必要为新用户列出具体的操作步骤和功能提示。

对比迪特的好的设计应遵循的十大原则，尼尔森的页面交互设计的十大原则在细节设计方面更能落到点上，但迪特的好的设计应遵循的十大原则又能囊括尼尔森的页面交互设计的十大原则，这样我们就能从中汲取细节设计的准则了。当然，我们所熟知的设计原则有很多，如约翰逊的九大界面设计原则、施耐德曼的八大界面设计黄金法则、iOS 六大设计原则、安卓五大设计原则、格式塔原理等。这些原则和法则都可以从不同维度帮助我们厘清设计中所需设计的细节点，只是不同原则之间存在很多共性，所以这里只选了比较有代表性的两位大师的原则，而且这两位大师的原则又是点和面的关系，便于我们综合探索产品中的细节设计。

■ 10.2 产品中细节的设计准则

迪特的好的设计应遵循的十大原则为我们的设计奠定了基础，而细节可以通过尼尔森的页面交互设计的十大原则来追踪。比如，状态可见原则、用户可控原则站在用户角度，根据操作给出实时反馈，让用户置身于可以完全掌控产品的境地；匹配场景原则、一致性原则、优美且简约原则体现了把控好视觉设计对用户产生的影响；容易记忆原则、灵活高效原则使得产品容易上手，学习成本低；防错原则、容错原则、人性化帮助原则体现了产品的人文关怀。笔者从两位大师的设计原则中总结出产品细节设计的 4 个方向，并从中圈定出以下设计的准则。

完全掌控的互动。

烘托情境的场景。

简洁纯粹的高效。

辅助细则的导向。

10.2.1　完全掌控的互动

用户经常在进行产品体验的过程中迷失方向、徘徊不前，背后的原因往往让人啼笑皆非。比如，用户明明已经触发了下一步，可产品却没有任何反馈；用户完全被产品的交互逻辑"打败"了，不知道该怎样往下进行，无法使用产品。这是用户在使用产品的过程中经常遇到的真实场景，此时的用户只能表现出更多的无奈。可见，当用户在进行产品操作时，最重要的是自由掌控，而要想实现这一点，就需要产品配合用户做出积极的反馈，这就是产品与用户的互动"对话"。所以，为了达到这个目标，笔者总结了以下 3 点，力求以用户为中心，探索可以积极反馈用户的细节设计，只有这样才能真正让用户产生可控感。

使用用户可以理解的语言。使用用户可以理解的语言进行信息的传递，这样起码可以让用户明白当前的信息是什么，该怎样往下进行，也好让用户有信心应对，以进行接下来的加工或操作，不至于让用户因无法理解而困惑。这就如同我们跟很多专业人士对话一样：医生说"这是神经性的病症"，你想的是"吃什么药能治好"；开发工程师告诉你"页面反馈 504 错误"，你想的是"如何打开页面完成任务"；设计师诠释设计的原理是依据了黄金分割的法则，而你却发现这样的设计会给自己带来困扰。在体验产品的过程中，用户遭遇这种困扰的例子比比皆是。

可见，不使用用户可以理解的语言，我们就无法与用户处于同一个频道。而用户可以理解的语言又是产品与用户进行对话的桥梁，用户如果接收不到产品传递的有效信息，那很可能就是"桥塌"了。所以，使用用户可以理解的语言是进行产品细节设计的第一步。图 10-2 所示为优化用户语言界面设计前后对比。左图中 404 错误虽然已告知用户页面不存在，但没有为用户提供对应的解决方案，经过优化后加了"重新加载"的按钮，就可以维系用户体验的连续性了；而右图中 504 错误的提示，用户不仅看不懂发生了什么，而且也不知道如何进行接下来的操作，经过优化，文案被改成"网络连接错误，检查一下网络问题"，这句话明确地告诉用户发生了什么，再配上"检查网络"的按钮，用户的操作就不会发生阻断性的问题了。

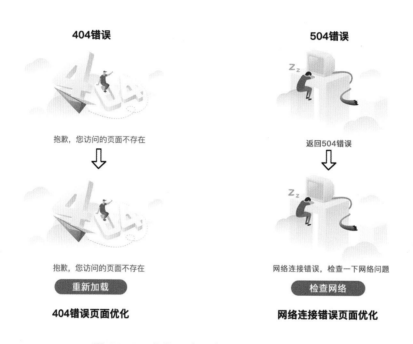

图 10-2　优化用户语言界面设计前后对比

专注用户希望达成的目标。用户不会平白无故地使用产品，而是为了达成自身的目标。产品自然要围绕用户希望达成的目标而展开，以满足用户的需求，这样才能体现产品对用户的服务价值，反之用户就不需要使用产品来达成目标了。比如，我们想使用电子书产品方便阅读，却找不到自己想看的书目，那就没必要用这样的产品了；乘客想使用网约车产品快速叫车，可平台却派不出就近的网约车，那乘客很有可能就不会相信网约车产品能提供服务了。造成这样结果的原因不是产品没能力帮助用户达成目标，而更多是产品烦琐的操作流程阻碍了用户达成目标。

所以，我们在设计产品的过程中，要尽可能简化用户操作的流程，并根据用户希望达成的目标进行界面设计，将操作流程按照用户的心智模型进行设定。图 10-3 所示为简洁设计的界面。左图产品中所提供的快捷登录模式，直接识别到当前手机号，开启一键登录模式，同时还提供了其他登录方式，大大提高了用户快速使用产品的效率；中图中新手引导的设计，让用户了解了产品隐藏的强大功能，降低了用户的学习成本；右图中导航的简洁设计，让重点信息一目了然，排除了视觉干扰，清晰呈现出用户的导航路线。

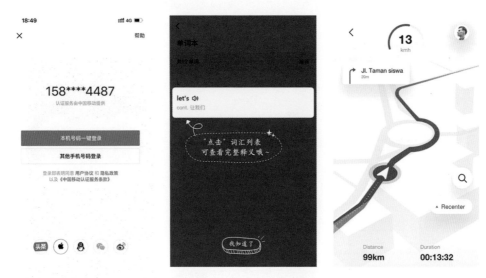

图 10-3　简洁设计的界面

实时响应用户的交互反馈。 实时响应是每款产品都应做到的，但结合用户的使用场景就会出现各种状况。试想一下，在设备和网络良好的情况下，当单击产品中的某一个按钮，却一点反馈都没有的时候，用户是否会继续单击多次？答案是肯定的，而这样的做法可能导致产品直接崩溃或者半天才反应过来，最终会出现我们在电脑上经常看到的多个窗口叠加的景象。如果每次操作都能得到产品清晰的反馈（如按钮上设计了按压态、加载页面时能呈现加载中的状态、产品在交互上加入一些小动效来减少用户等待的焦虑等），就能无缝衔接接下来的操作，用户也不至于连续不断地操作很多次。

要想做到产品对用户的实时响应，在设计上就要对用户的体验过程进行探索，我们将这个过程划分为体验前、体验中、体验后的交互反馈。体验后比较符合正常的理解逻辑，那么体验前和体验中是什么情况呢？体验前更多的是提示引导用户进行操作的设计，体验中才是真正的即时反馈，体验后其实反映的是结果呈现。体验前、中、后状态设计的界面如图 10-4 所示。接下来，我们对图 10-4 中处于体验不同阶段的情况分别进行介绍。

- **体验前，提示引导型：** 左图为 QQ 的状态提示，用户可以根据自身需要设置多种不同的状态提示，好友之间可以根据对方的状态提示来选择沟通方式。

- **体验中，即时反馈型：**中图为在设置 Google 密码时，即时识别出密码强度的提示设计。

- **体验后，结果呈现型：**右图为打赏操作完成后弹出的提示，明确告知用户打赏的结果。

图 10-4　体验前、中、后状态设计的界面

使用用户可以理解的语言跟用户保持在同一个频道中，专注用户希望达成的目标，保证用户高效完成操作，再对用户体验前、中、后的整个过程做出及时反馈，这样用户就能在与产品的互动过程中产生可控感，从而维系整个体验的连续性。接下来，让我们探索产品细节设计的场景。

10.2.2　烘托情境的场景

产品根据用户的需要进行定位，反馈给用户一种形象，虽然这种形象通过设计师之手，被打造成各式各样，但丝毫不会影响用户的使用，反而为产品塑造了一种特有的气质。比如，同样是竞技对战类游戏，《王者荣耀》《刀塔》《英雄联盟》三者却可以并存，并给用户呈现完全不同的产品气质和体验；同样是视频类产品，优酷、爱奇艺、搜狐视频，三者的定位虽然不同，但也能符合不同用户的追剧需求。可这些产品在设计上的气质是怎样区分的呢？这就是接下来要介绍的烘托情境来渲染体验场景的设计，笔者总结了以下两个方面的探索路径。

设计一致性

设计风格保持统一是产品设计的基本要求，这里的统一不仅是视觉上的统一，还有交互、文案等方面的统一。我们主要从占据主导地位的视觉和交互方面进行探索，其他方面就不做过多的介绍了。视觉上的统一，主要还是因为相似性法则的魅力，**视觉感官会把相似的元素联系在一起，主观认为这些元素有相同的意图，所以在设计处于相同状态或具有相同功能的元素时，我们需要保持视觉的统一性，让用户认为它们是一样的功能按钮或模块。**产品设计在视觉上的统一形成了产品独有的视觉形象，给用户留下最初的品牌印记。

相似性法则主要适用于视觉感官层面的设计，这里的设计不仅包括颜色、形状、字体等元素，还包括经常被忽略的细节。比如，图标的设计如何同品牌进行深度关联，而不只是在视觉上看起来统一就可以了；品牌的吉祥物之类的设计，如何同品牌关联并进行延展；信息展现的优先级、用户的心理感知、视觉上的创新等，都是我们可以深挖的视觉细节。图 10-5 所示为一个 Betternet VPN 产品的整体视觉设计，左图是产品 Logo 的设计，中图和右图的界面根据需要将 Logo 巧妙地融入设计中，不仅在视觉上形成了统一，还具有创新独特性，成功契合了用户的心智模型。

图 10-5　Betternet VPN 产品的整体视觉设计

除了视觉设计上的统一，还有交互设计上的统一。交互设计上的统一对用户的影响，主要是连续性元素所形成的逻辑关系能够使用户的整个体验过程变得更加连贯和清晰，不至于产生阻断性的影响。其目的是驱动用户完成产品想要传递的正确操作，如左滑可以切换选项卡片，获取不同选项卡片中的信息，右滑可以返回或关闭当前的信息。要通过连续性的交互方式引导并告知用户隐藏的部分，在产品的信息分类中通常会采用导航设计，很多产品都会在导航上创新，如在本章开头所提到的 Path 导航。此外，还有轮播图、弹出层、列表、卡片等模块，都可以在交互上进行统一的创新。图 10-6 所示为日历和音乐产品的界面设计。在左图的日历界面中我们可以清晰地看到反馈、日期的交互引导，以及如何进行其他操作的箭头按钮的引导；右图的音乐播放界面的引导性更强，播放、快进、后退、循环、音量、收藏等图标的引导交互设计，使用户使用起来非常方便。

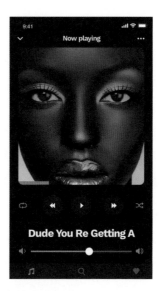

图 10-6　日历和音乐产品的界面设计

模拟现实场景的设计

模拟现实是我们在做新功能设计或创新设计时经常用到的手法，体验设计对用户来讲被前置了，所以围绕用户体验的场景就变成了设计的前提。我们可以先考虑隐喻、拟物等设计手法，借鉴现实生活中的一些元素及模型，增加用户对产品的体验认知和预期，这种方式可以提高用户对产品的感知能力，大大降低用户的学习成本。

在设计中使用隐喻、拟物等设计手法，源于 20 世纪美国著名工业设计师雷蒙德·洛威提出的 MAYA(Most Advanced Yet Acceptable)原则，该原则的含义是最先进但可接受、前卫又不失亲和力，也就是说人们喜欢新鲜、新奇的东西，会被它吸引，但这也是有限度的。新鲜度在人们可接受的范围内才能发挥其作用，如果超出这个范围，新鲜度就会逐渐下降。所以**在做设计的时候，平衡好亲切熟悉和前卫新奇两方面，把用户原本熟悉的事物在一个新的环境或平台中进行设计呈现，模拟现实中的场景，这样熟悉而又新鲜的组合，往往会给用户带来意想不到的体验效果。**

很多产品都采用了模拟现实场景的设计，而且用户的反馈都非常好。如图 10-7 所示，左图 EMOJI 表情的设计完全采用拟人化的表情设计，清晰且易识别；中图 COSTA 咖啡赠送的代金券，模拟了咖啡杯的设计，很容易传达给用户运营的意图；右图音乐播放界面的设计，致敬经典的黑胶唱片模型，增强了仪式感。

图 10-7　模拟现实场景的界面

可见，模拟现实场景的设计，以及前面介绍的沉浸式体验设计，通过视觉和交互设计上的统一，维系了用户体验的连续性，契合了用户的心智模型，成功烘托出体验的真实情境。这里的细节设计一直围绕用户的感官体验，接下来让我们再来探索一下纯粹设计中的细节。

10.2.3　简洁纯粹的高效

前面提及的完全掌控的互动、烘托情境的场景，在一定程度上提高了用户解决问题的效率。这里不是重复前面的操作，而是要从简洁纯粹的维度来提高用户操作的效率。比如，柯达相机"一键拍照"功能的诞生，推动了数码影视的发展；计算机操作系统的安装一直困扰着很多人，后来的安装光盘干脆设计为一键安装的流程，一下子降低了操作系统安装的门槛。可见，简洁纯粹的高效可以真正地解决用户的痛点问题。接下来，我们从以下两个原则展开对简洁纯粹高效设计的探索。

易取原则

易取原则通过对使用对象、动作和选项的可视化表达，最大限度地减轻用户的记忆负担。

简单来讲就是我们常说的"Don't make me think（不要让我思考）"，减少用户需要记忆的东西，提供可选项让用户去确认信息，即让后台承载一切复杂的产品逻辑，尽可能留给用户一个简单易懂的前台页面。比如，Google 首页只有一个突出的搜索功能，用户输入想要查找的信息就能轻松获取答案，而后台却承载了各种极其复杂的算法逻辑。

易取原则对减轻用户的记忆负担提出了更高的要求，反馈到设计中就是"内容一看就懂，容易识别；操作一看就会，功能简单，容易上手"。我们在产品设计中经常用到很多图标，以达到让用户快速识别的目的。很多产品在后台默默地记住了用户的浏览记录，通过算法分析推荐用户想看的内容，同时这些浏览记录也可以被展现出来，帮助用户快速选择内容。这些功能在视频类产品中的应用比较直接，视频类产品在后台记录下用户的观看历史，并在界面中展现出来，方便用户随时查看。当然，易取原则涉及的细节设计还有很多，如免填写表单信息，将在后台能读取到的信息自动匹配上，其他的信息也尽量做到不需要用户手动填写。iOS 系统自动识别手机号，再自动读取到验证码，又自动输入（见图 10-8），基本解决了用户因记不住验证码而被困扰的问题。

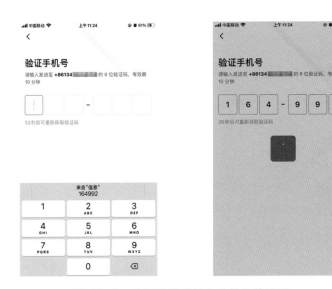

图 10-8　读取验证码并自动输入的界面

可见，在易取原则下，产品的功能不但要求具有可见性，还要易取——查找路径、操作路径都要尽可能短，尽可能减轻用户的记忆负担、降低操作成本。

易扫原则

易扫原则主要对用户的视觉注意力所关注的地方进行优化，去掉对用户造成干扰的设计元素，尽量让用户的视觉注意力聚焦，通过对视觉元素的优化来凸显重点信息，从而吸引用户的眼球。这样做的目的是让用户的注意力聚焦到产品想传达的信息上，从而使用户关注产品的重点信息。在具体的设计中，我们将这种方法称为"焦点法"，如在很多弹出框中，用户的注意力大多聚焦在按钮上，这就是符合易扫原则的设计形式。

易扫原则是指让用户利用最低的学习成本就能获取关键信息。用户浏览信息的动作不是字斟句酌地慢慢读，而是快速扫视。这样快速的浏览动作，很容易忽略一些重要的信息。可见，设计师在设计中应尽量避免出现多余的界面元素，只有突出重点，弱化和剔除无关的信息，才能帮助用户更有效地扫视界面上的关键信息。比如，设计师在设计中通过留白来划分界面的信息层级，可为用户排除视觉干扰，这样在视觉上突出重点信息的同时，还能保证信息的可读性，即保证用户获取到足够的重点信息。换句话讲，我们要做的就是规范好设计，尽量排除阻碍用户阅读的干扰，确保用户获取信息的完整性。在图 10-9 所示的两组图标设计中，左图中的图标装饰性很强，但没有文字注释，辨识度很低；右图中的图标即使没有注释，表意也能清晰地传达给用户。

图 10-9　图标风格设计对比

高效通过、简洁纯粹在易取原则和易扫原则中体现得淋漓尽致。易取原则可以减轻用户的记忆负担，帮助用户快速获取想要的信息；易扫原则对聚焦重点信息、提高辨识度提出了更高的要求。这就体现了"识别胜过于记忆"的设计理念。可见，平衡好易取原则和易扫原则在产品细节设计中的权重是非常重要的。了解了易取原则和易扫原则，让我们再来探索一下辅助细则的导向又是如何设计的。

10.2.4　辅助细则的导向

产品中的细节设计可以为用户带来意外的惊喜，直接连接到用户的内心，使用户产生情感上的共鸣。比如，为新用户提供贴心、快速了解产品的机制；针对过多的操作和复杂的步骤，为用户列出具体的操作步骤和提示功能。这些设计的核心都在围绕用户体验中的细节而展开，新手引导的提示设计就是一种非常好的操作，可以一步步引导用户快速了解产品。我们可以从以下 3 个方面对辅助细则的导向进行探索。

帮助细则

新手引导为用户迅速上手"开了绿灯"，这只是用户了解产品的第一步，接下来还有很多需要降低用户学习成本的地方，但我们不可能都使用新手引导的设计来弥补。我们应该根据用户的需求设计不同的帮助细则，当然，面面俱到的细则就等同于没有细则。比如，有些电子产品虽然配有厚厚的使用说明书，其实产品并没有想象中那么复杂。所以，我们这里提及的帮助细则，肯定不能像说明书那样，而应该根据用户的需求给出对应的提示引导信息。

在设计上做到没有任何提示，就能引导用户进行无阻断的操作，肯定是最好的。即使在实际设计中，帮助细则也不必面面俱到，只要出现在用户需要的地方，就是一种贴心指引。在体验产品的过程中，经常出现很多文本注释、标签提示、表单样例提示、帮助文档等细则，这些细则可以辅助用户正确地体验进程。图 10-10 所示为帮助提示的设计。左图根据用户输入的信息，实时给出可用的建议；右图根据输入的信息进行提示，还给出了合同细则的文档提示，引导用户正确且高效地完成信息输入。

图 10-10　帮助提示的设计

通知提醒

我们每天都能收到大量的推送资讯、社交产品的消息通知、日程安排提醒等，它们都属于通知提醒。这些内容在不断地提醒用户，别错过什么大新闻、重要人的消息、待处理的工作等，如同我们工作和生活的小秘书一样，细致入微地帮我们做好时间安排。比如，起床必备的闹钟提醒，早已成为我们生活的一部分，如同日历上那些重要日子、行程、计划的提醒一样。至于资讯类产品的推送提醒，虽然我们每天都需要资讯，但我们生活在信息过剩的时代，甚至每天还会收到大量的重复信息，给我们的生活造成不必要的信息干扰。所以，如何推送用户需要的有价值的信息，还有待产品在体验中被不断改进。

这些通知提醒在成为用户助手的同时，也在不断提升用户的黏性。产品不仅能提供贴心的提醒服务，还能打造用户在潜意识中形成的"上瘾"模型。正如微信创始人张小龙所言：谁也舍不得删除设备中的微信 App，因为微信承载的不是一个工具那么简单，而是人的整个社交圈，它早已成为人们生活的一部分了，不然怎么都不舍得删除呢？可见，培养用户的体验习惯，打造"上瘾"模型才是产品提升活跃度的有效策略。图 10-11 所示为淘宝连续签到通知提醒的设计，连续签到可获得的福利也清晰可见，这种设计还通过进度条的方式呈现任务的完成情况，培养用户体验产品的黏性。

图 10-11　淘宝连续签到通知提醒的设计

连接内心

设计会影响用户的心理，不同设计对用户产生的影响有所不同，甚至很多细节设计还能诱发用户的大脑分泌多巴胺。比如，人们对色彩的敏感程度。红色既有警示作用，又能渲染红火、热情的氛围，当红色出现在弹窗中时，意在告诉用户出现了错误，而在中国股市中红色又表示红红火火大涨的行情；绿色给人的感觉是富有生命力、顺利通过、成功，而在中国股市中绿色又代表大家都不喜欢的下跌行情。色彩给人带来的感受比较直观，而形状却可以在潜意识中影响用户。比如圆形看起来比较温和、柔软，容易亲近，所以我们在社交过程中或在女性产品中经常看到圆形的使用；与之相反，三角形给人一种锋利、突破、延伸的心理暗示，所以在运动类的产品中经常被使用。

色彩和形状在设计中的应用比较多，此外在产品中能连接到用户内心的其他元素还有很多。比如，养眼的人或物在哪里出现似乎都能成为大家关注的焦点，在很多产品中也不乏类似的应用。又如，动画、微动效、产品吉祥物延展、标志性的符号、幽默风趣的文案等比较容易让用户产生情感上的共鸣。图 10-12 所示为金融产品放款申请状态的设计。提交申请后，等待放款的用户在辛勤劳作，以任劳任怨的心情来表达当前的状态；放款失败，用户心情沮丧，都没心思干活了；放款成功，用户喜悦的心情无以言表，干脆抱着钱袋子奔跑起来，文案也很俏皮、幽默。这些场景都在巧妙地与用户进行对话，连接用户的内心。

放款中
您的申请正在放款中，请耐心等候

放款失败
请更换银行卡后再次提交

放款成功
听说颜值高的人放款都会成功~

图 10-12　金融产品放款申请状态的设计

可见，连接用户的内心涉及的细节有很多，不局限于色彩、形状之类的元素。这些细节给用户带来的影响，有直接的，也有潜在的，但都是从各个层面与用户建立情感上的连接，触发用户对产品的认可。

▌ 小结

产品设计的原则有很多，这些原则为我们探索产品细节设计提供了有力的背书。本章从比较全面的好的设计应遵循的十大原则开始探索，延伸到操作层面的页面交互设计的十大原则，这些原则为我们探索细节设计明确了方向。我们提炼出完全掌控的互动，以期让用户在与产品的互动过程中产生可控感，从而维系用户体验的连续性；我们通过烘托情境的场景，实现视觉和交互的统一，打造一致的品牌形象，契合用户的心智模型；我们提出简洁纯粹的高效，采用易取原则和易扫原则，减轻用户的记忆负担，帮助用户快速获取想要的信息，体现"识别胜过于记忆"的设计理念；我们通过辅助细则的导向，挖掘出不同的细节设计以连接用户的内心，从而建立品牌的印记。可见，产品中的这些细节设计对用户的影响非常大，期待我们在产品设计中做出更多的创新和探索。

第 11 章

设计师的发展

人们经常将工龄作为权衡职级高低的一个标准，但设计师的发展不能通过工龄进行简单的概括。在设计中，设计师需要呈现出来的是"Idea（想法，主意）"，不是工龄越长就越有创新的能力，反倒是工龄越长，创新的能力通常越呈下降趋势，甚至有些人做了很多年的设计师，也拿不出一个有"Idea"的设计作品，最多只能算是在从事设计工作而已，这就是在设计能力上存在**设计距离**。设计距离存在于具有不同能力的设计师之间，而不存在于具有不同履历或工龄的设计师之间，若要消除设计距离就应学会独立设计。在设计思想层面走在世界前列的当属日本的设计，在日本的各个行业有很多设计大师，如我们熟知的原研哉、永井一史、隈研吾、宫崎骏、田中一光等，这些大师被我们尊称为设计的引路人。有些设计师站在巨人的肩上前行，而有些设计师却领略不到这些，只喜欢在设计的道路上独自前行，这样自然就呈现出完全不同的发展前景。可见，设计师很有必要认清自身的发展道路。

■ 11.1　设计阶段的背书

关于设计师的发展阶段，香港理工大学的 John Heskett 教授提出了一个相当有说服力的划分方法，他认为设计师的发展可以划分为 3 个阶段，即修饰者、区分者和驱动者，如图 11-1 所示。

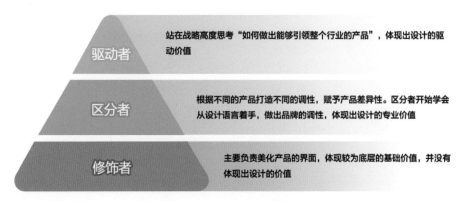

图 11-1　设计师发展的 3 个阶段

修饰者：主要负责美化产品的界面，体现较为底层的基础价值。这个阶段的设计师基本是那些刚入职场 1~3 年的设计师，领导分配什么工作就做什么工作，业务线提出的要求也能基本满足，但这样也只是在完成设计工作而已，并没有体现出设计的价值。

区分者：根据不同的产品打造不同的调性，赋予产品差异性。区分者开始学会从设计语言着手，做出品牌的调性，学习相关的垂直竞品，探索差异化的可能性，从而提升自身的竞争力，体现出设计的专业价值。

驱动者：站在战略高度思考"如何做出能够引领整个行业的产品"，体现出设计的驱动价值。驱动者对设计的创新有了新的定义，放眼整个商业层面，并上升到产品的战略高度。苹果公司就是一家设计驱动型公司，它将创新力作为产品的核心竞争力，设计的驱动价值占据了主导地位。

John Heskett 教授认为设计师从修饰者阶段进阶到驱动者阶段，经历了两个转变：设计师从修饰者发展到区分者，需要学会独立思考，沉淀自己的设计思想，从差异中提炼价值；而从区分者进阶到驱动者，设计师要具备全链路的开阔视野和综合的专业能力，挖掘出设计的驱动价值。这让我们对设计师的发展阶段有了一个初步的认知，我们要想将其应用到自己的发展规划中，还需要探究背后的原因。

▊ 11.2　设计思考的本质

设计师的发展阶段同设计思想的理解层次息息相关，这背后是有理论指导依据的。美国西北大学心理学系教授安德鲁·奥托尼（Andrew Ortony）、威廉·雷维尔（William Revelle）和唐纳德·A.诺曼在研究情感时发现，人类大脑的活动可分为 3 个层次：先天的部分，被称为本能层次；控制身体日常行为的部分，被称为行为层次；大脑主动思考的部分，被称为反思层次。这一理论在唐纳德·A.诺曼的《情感化设计》一书中也有所体现，他将情感化设计划分为本能水平的设计、行为水平的设计、反思水平的设计 3 个阶段。情感化设计已经成为设计的指导思想，可以连接用户的情感，从而使其产生共鸣。对情感化设计的 3 个阶段的诠释如图 11-2 所示。

11.2.1　本能水平的设计

人对外界事物的感受（视觉、听觉、嗅觉、味觉、触觉）都可以看作人的本能反应，人本能地喜欢养眼的人或物、动听的歌声、丰盛的食物等。人是视觉动物，对事物外形的观察和理解自然也是出自本能的反应。外观设计越是符合人的本能水平的思维，越可能让人接受并且喜欢。所以，本能水平的设计考察的是视觉层面，外观因素占据主导地位。

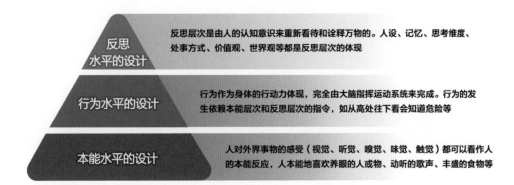

图 11-2　对情感化设计的 3 个阶段的诠释

11.2.2　行为水平的设计

行为作为身体的行动力体现，完全由大脑指挥运动系统来完成。行为的发生依赖本能层次和反思层次的指令，如从高处往下看会知道危险、听到刺耳的声音会捂住耳朵、看到刺眼的光线会躲避等。行为水平的设计我们研究得比较多，特别是对产品的设计而言，每一步设计的作用都大有讲究。用户在操作产品的过程中，视觉界面将向用户传达第一印象，界面能否友好、流畅地满足用户的需求，这才是行为水平的设计需要解决的问题。

11.2.3　反思水平的设计

反思层次是由人的认知意识来重新看待和诠释万物的。人设、记忆、思考维度、处事方式、价值观、世界观等都是反思层次的体现。反思水平的设计受环境、文化、身份、认同等因素的影响，比较复杂，而且这种设计同用户的长期感受相关联，建立在品牌或产品的价值基础之上。只有在产品和用户之间建立起情感的纽带，对用户的自我形象、满意度、记忆等方面产生影响后，才能使用户形成对品牌或产品的情感认知，进而培养用户对品牌或产品的忠诚度，使产品变成用户情感的代表或者载体。

可见，本能层次优先级最高，也是用户对品牌或产品的第一反应。通常情况下，用户首先调用本能层次以判断好坏。接下来，用户才会根据判断结果的好坏确定行为层次的内容，做出不同的应对行为。反思层次是更深度的判断，如果决策门槛很高，本能层次不好做判断，则需调用反思层次进行思考。比如，你想买一辆汽车，那么买什么车就是一种决策门槛很高的行为。本能层次只知道买一个代步工具，好看、安全、够用就可以了，但是不知道买什么品牌、级别、价位的车，这时就需要依靠反思层次来做判断了。

通过对上述 3 个层次的剖析，我们可以看到，设计传递的价值是本能层次与反思层次之间的情感纽带。产品作为这个纽带的载体，在满足用户需求的同时，还使用户展示了自我形象，满足了用户社会地位象征的需要。当产品折射出来的特殊品质成为用户生活的一部分时，用户的满意度得以提高，幸福感便油然而生了。这充分体现了设计的本质与用户情感之间的密切关系。

从 John Heskett 教授对设计师不同发展阶段的划分，到唐纳德·A.诺曼对设计阶段的情感化分层，经过上述内容的抽丝剥茧，我们可以发现两者之间的关联性。本能水平的设计体现了修饰者所处的阶段；行为水平的设计体现了区分者所处的阶段；而反思水平的设计则体现了驱动者所处的阶段，即体现了设计的驱动价值，同时这也是品牌形象和产品对用户的价值体现，进而为设计师指明了发展方向。那么，设计师能力发展的 3 个阶段该如何来划分呢？

■ 11.3　设计师能力发展的 3 个阶段

对于设计师来讲，应能够认清自身所处的阶段，明确规划发展的方向，想做到这一点，并非易事。很多设计师在面对设计方面的问题时，经常摆不正自己的位置，陷入徘徊不前、迷失方向的境地。设计师只有先认清自己所处的阶段，才能明确发展的方向。在唐纳德·A.诺曼所著的《设计心理学》一书中有这样一段话："如果用新的做事方式做一件事只比原来好一点，那么最好与以前保持一致。如果必须做出改变，那么每个人都得改变。新旧混杂的系统会让每个人感到困惑。当新的做事方式明显优于旧的做事方式时，那么因改变而带来的价值会超越改变本身所带来的困难。不能因为某样东西与众不同就认为它不好。如果我们故步自封，那么我们将永远不会进步。"这段话表明，设计的发展进程在于不断创新和突破。设计师要不断超越自我，而不是一直模仿别人的设计，否则到最后都不知道自己在做什么。在这里，笔者总结出设计师能力发展的 3 个阶段，如图 11-3 所示。

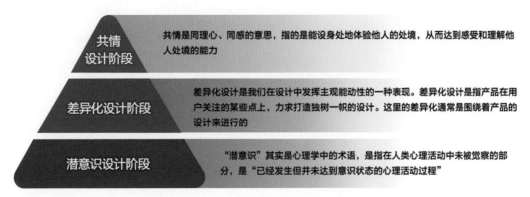

图 11-3　设计师能力发展的 3 个阶段

11.3.1　潜意识设计阶段

"潜意识"其实是心理学中的术语，是指在人类心理活动中未被觉察的部分，是"已经发生但并未达到意识状态的心理活动过程"。人类的本能就是大脑反馈出来的一种潜意识，我们无法觉察到潜意识，但它影响意识体验的方式是最基本的——我们如何看待身边的人和事，我们快速做出的判断和我们的决定能力是如何产生的，以及我们在本能体验中所采取的行动是什么。潜意识所完成的工作是人类生存和进化过程中不可或缺的一部分。那么，这种潜意识跟设计有什么关联呢？

回想一下我们学习设计的历程。当从学校学到的专业知识，以及在生活和工作中积累的知识不够用的时候，我们会寻找专业书籍或在网上查阅相关的知识分享来充实自己。没有想法或不知道如何设计时，我们会浏览各大设计网站寻找相关的优秀作品来借鉴学习，必要的时候，我们甚至通过临摹来提高自己的技法。这些其实都是设计师根据本能需要驱使自己去学习，也是设计师刚开始做设计的必经之路，这个设计阶段被称为潜意识设计阶段。这个阶段的设计，大多利用颜色对比、字体堆栈、几何图形、对齐排版等基本的设计技法来实现设计需求。至于设计的缘由，多是因为设计要求或为了好看。

我们将潜意识设计阶段的内容总结如下。

设计目标： 通过在目标区域内的视觉设计，激发出用户对产品的本能反应，吸引用户的视线，实现传达业务内容的目的。

设计方法： 围绕设计目标，明确设计意图，提炼出需求中能关联到具体设计要求的关键词，组织好要求的设计元素（如字形、色彩、例图、样式、氛围等），将其作为思考的基础。潜意识设计阶段需要激发用户的兴趣，学习同类优秀的设计案例，明确设计方向，采用对比强烈的配色引起用户的注意，并结合稀缺效应、从众心理、损失厌恶等认知，在视觉上营造产品氛围，达到吸引用户的目的，完成转化指标。

11.3.2　差异化设计阶段

前面介绍的潜意识设计是我们出于本能的设计，而差异化设计是我们在设计中发挥主观能动性的一种表现。差异化设计是指产品在用户关注的某些点上，力求具备独特的设计内容。这里的差异化通常是围绕着产品的设计来进行的。进行差异化设计的途径有很多，关键是这种差异化要具有可持续性，不是临时粉饰出来的，其价值也应高于同类竞品的价值。对用户而言，这样才能真正收获差异化价值的福利，如更便捷、更省心、更安全、更实用等。不仅如此，我们还应探究差异化设计所带来的用户行为的改变。

差异化设计所带来的直接改变是用户行为方式的改变，如产品通过差异化设计做出的创新，必然使用户的体验方式跟着发生改变，也就是说直接改变的是用户的行为。而改变用户行为的因素不仅包括设计，还包括用户的动机、能力成本。斯坦福大学的 B.J.Fogg 博士在 2009 年发表过一篇论述行为设计学模型的文章，该模型叫作 Fogg's Behavior Model（福格行为模型）。简单用公式表示为 B=MAT，他认为一个人行为的产生需要 3 个要素——动机（Motivation）、能力 / 成本（Ability/Simplicity）、触发因素（Trigger），如图 11-4 所示。

图 11-4　行为的产生需要 3 个要素

动机：在心理学上一般被认为涉及行为的发端、方向、强度和持续性。比如，人的生理动机，如饥饿、口渴、睡眠、性等。

能力 / 成本：人在做事的时候往往能够分清轻重缓急，这就是在讲究时间成本，毕竟大家的时间都很宝贵。此外，这里的成本还包括金钱成本、体力付出、脑力付出等。

触发因素：用户在采取行动之前如果没有足够的动机，就需要用某种方法刺激其产生动机。打折促销就是很好的刺激手段，新手引导设计、弹窗设计等都在引导用户触发行为。

可见，差异化设计是引导用户触发行为的设计，这样的设计能提前给予用户帮助，使用户的体验更加顺畅。

我们将差异化设计阶段的内容总结如下。

设计目标：通过对产品的功能创新、性能改善、量身定制等优化手段，降低用户的使用成本，引导其触发行为，真正将转化的目标落实。

设计方法：在产品设计方面，探索功能的创新，去掉不必要的操作环节，意在提高用户操作的效率，如减少输入、减少点击、减少跳转，减少等待等，每减少一步操作，都能有效地提高任务达成率。我们通过不断激发用户的操作意愿，降低学习成本，帮助用户迅速上手使用产品；我们通过告知用户有价值的信息，减少用户的时间和精力开支，引导用户快速且高效地使用产品，有效达成设计目标。

11.3.3 共情设计阶段

共情是同理心、同感的意思，指的是能设身处地考虑他人的境况，从而达到感受和理解他人处境的能力。我们从潜意识的本能设计阶段到差异化引导行为的设计阶段，都是在专业层面的不断深耕，共情设计阶段则突破了专业限制，放眼整个商业层面，达到了产品的战略高度，体现了设计的驱动价值，连接用户的情感，使用户产生共鸣。

共情是一种全链路的设计思维，自然要拓宽视野才能看得更远。比如，米老鼠这个形象的诞生就来源于设计的驱动力，当初沃尔特·迪士尼输了官司，漫画形象"幸运兔奥斯华"的所有权被判给了其竞争对手。后来，沃尔特·迪士尼在偶然间看见一只老鼠产发了一个想法，他将同样的内容用另外一种动物形象（老鼠）表现出来，于是米老鼠的形象就诞生了。如果沃尔特·迪士尼没有商业眼光，没有全链路的设计思维，一味地怨天尤人，那就不可能有我们今天所看到的迪士尼动画帝国了。总之，**共情设计就是指站在用户的角度，重新建立起强大的品牌印记，不局限在某个设计点上，而从产品的战略层面，唤起用户的兴趣，与用户互动，使其产生情感上的共鸣。**

我们将共情设计阶段的内容总结如下。

设计目标：通过加深用户对品牌的印记，唤起用户对品牌的感知，满足用户的情感需求，拉近用户与品牌的距离，提高持续转化率。

设计方法：在产品设计方面，增强品牌认同感，产品的创新、IP 形象的传递、品牌故事、人文关怀等都是用户能感知到的品牌印记。品牌承载用户的情感需求，打造产品的稀缺性、个性化等设计，让用户体会到产品的独一无二，促使用户分享，形成口碑，让用户觉得"产品懂我"，进而使其产生情感上的共鸣，持续达成设计传递出的品牌印记。

我们从潜意识的设计阶段入手，然后开始学会思考，做出差异化的设计，激发用户的操作意愿，降低学习成本，我们把这个阶段称为差异化设计阶段。接下来进阶到设计师最难突破的一个阶段，这个阶段要运用全链路的设计思维，要站在商业层面的战略高度，因此视野更加开阔。在这个阶段，我们通过设计来体现品牌认同感，引发用户产生情感上的共鸣，我们称这个阶段为共情设计阶段。这样设计师发展的 3 个阶段就被呈现出来了。

▍小结

在设计的路上，我们有过多少次彷徨、多少次迷茫、多少次退缩，只有我们自己知道。这些经历中有专业上的挫折、有旁人的冷语相向、有同行的冷眼侧目等，基于此我们的心境也全然不同，产生影响的主要原因是我们看不清自己当下所处的发展阶段，不知道如何提升，被"设计仕途"蒙蔽了双眼。回想一下，我们在刚开始做设计的时候，举步维艰，只求能做出**基本符合要求的设计**；随着能力的逐步提升，我们开始关注到设计中的细节，开始做出**完全符合要求的设计**；随着积累的设计经验越来越多，我们拥有了独立思考的能力，设计的水准和鉴别设计的眼光自然也是有了明显的提升，此时我们可以做出**超预期要求**的设计了。

为了让设计师能更真切地理解上述内容，本章先介绍了 John Heskett 教授对设计师发展的 3 个阶段的划分：修饰者、区分者和驱动者。然后，从设计本质层面对这 3 个阶段进行理论分析，介绍了人类大脑活动的 3 个层次——本能层次、行为层次、反思层次，结合唐纳德·A. 诺曼对情感化设计的研究，道出了设计背后的情感需求。有了这些理论作为设计背书，设计师能力的发展被分为 3 个阶段：首先是反映本能层次的潜意识设计阶段；其次是设计师逐步提升设计能力，有了自己的设计想法，引导用户行为做出差异化设计的阶段；最后是设计师运用全链路的设计思维，探索设计的驱动价值，连接用户的情感，使用户产生共鸣的共情设计阶段。整个发展过程虽然是痛苦而又漫长的，但对设计师发展的意义和价值可想而知。一个成熟的设计师，必须学会用自己对周遭世界沉淀的见解来探索设计的驱动价值，而非停留在满足需求层面。因为设计师已经了解了需求背后的前因后果，所以应该用同理心来感受用户的体验并做出让用户满意的设计。这是独立思考所带来的变化，而学会独立思考也正是一个设计师走向成熟的标志。

第 12 章

如何高效沟通设计问题

沟通设计问题，成为很多设计师绕不过的一道坎，参与过评审的设计师的感触应该会比较深刻一点，沟通顺利与否，直接决定了项目周期的长短。影响沟通效率的原因有很多。比如在沟通中，甲方对设计方案不满意，但又不知道想要什么样的方案，甚至提出一些虚无缥缈的热词，如"高大上""设计感""有质感""年轻态"等。此时，如果设计师靠自己的理解去揣摩"圣意"，用不了几轮周折，设计激情的小火苗就会被浇灭，身心也会受到重创。所以说，设计师掌握沟通的技巧尤为重要。笔者总结的高效沟通设计问题的 3 步，如图 12-1 所示。

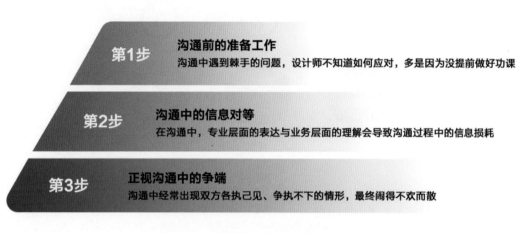

图 12-1　高效沟通设计问题的 3 步

第 1 步，沟通前的准备工作。沟通中遇到棘手的问题，设计师不知道如何应对，多是因为没提前做好功课。俗话说："机会是留给有准备的人的。"沟通也是一样的，提前准备好沟通中需要解决的问题，总比无法应对时再去"抱佛脚"强。我们只有做好**"沟通前的准备工作"**，才能做到胸有成竹。

第 2 步，沟通中的信息对等。在沟通中，设计师表达的是专业层面的内容，而沟通者表达的是业务层面的内容，这样一来专业层面的表达与业务层面的理解会导致沟通过程中的信息损耗。我们只有做到让**"沟通中的信息对等"**，才能消除这样的信息损耗。

第 3 步，正视沟通中的争端。沟通中经常出现双方各执己见、争执不下的情形，最终闹得不欢而散。这样不仅解决不了问题，还容易产生个人恩怨。如果我们只站在设计的立场上，试图用设计理论去说服对方，通常很难达到预期的效果。所以，我们要**正视沟通中的争端，**尝试通过其他途径来解决问题。

▌ 12.1　沟通前的准备工作

我们可以在沟通前做好充分的准备工作，让沟通变得简单起来，但哪些工作是需要我们提前准备的呢？笔者先以双方沟通的需求为出发点，明确沟通的目标；接着对设计的客观依据进行探索，以形成强有力的支撑；再探寻专业的设计原则，以明确设计方向。沟通前的准备工作如图 12-2 所示。

图 12-2　沟通前的准备工作

12.1.1　剖析需求，明确目标

要想做好沟通前的准备工作，势必要先了解需求。对需求进行深入的剖析后，我们就会发现，需求明确与否基本分为两种情况：其一是需求明确，产品要解决的问题很清晰，如提升产品体验、增加新功能等；其二是需求模糊，搞不清楚需求的背景和落地方案，如新功能的试水、拓展新业务等。很明显，面对需求模糊的情况，我们所需做的准备工作更多。

我们只有了明确目标，才能做到有的放矢。要想明确目标，我们就应该发挥主观能动性，多做一些引导工作。比如，我们做市场调研、竞品分析、用户研究等，可以将调研结果作为方向性的引导，甚至可以手绘一些低保真原型图快速解决需求中的异议。所以，我们要发挥设计的专长，可以多准备一些与需求类似的竞品样例，以便于更好地沟通需求和明确目标。

12.1.2　提供客观依据，达成共识

面对简单粗暴的商业化需求，我们不应一味地提出异议，而应以客观依据作为背书，这样

才具有一定的说服力。对于线上已有的产品，我们可以埋点统计一份线上的**运营数据**，并进行对比分析，得出用户关注层次的客观数据。对于线上还没有的新产品，我们可以找一些间接的竞品进行对比分析，收集运营的相关案例，为沟通提供客观依据。业务需求多是围绕业务指标而展开的，但过度商业化又违背了用户的体验意愿，我们要想从用户需求层面来进行设计，就要提前准备好这些客观依据，以备沟通过程中的不时之需。

比如，业务线经常通过增加入口的方式来提高业务指标的转化，但重复入口太多就会影响用户体验，而且业务指标是在适合的场景下满足用户的需求才能达成转化。我们如果可以将线上产品不同入口的运营数据统计出来，并进行横向对比，那么结果自然一览无余。使用数据作为客观依据，更有利于沟通双方对沟通议题达成共识。

12.1.3　遵循设计原则，正确指引

在沟通设计的过程中，我们经常被问及"为什么这么设计"。如果我们回答"我感觉这么设计好看""比较有设计感""可以体现设计层次""能突出重点"等专业层面的术语，那么对方很难接收到正确的信息。因为这样的表达太主观了，而设计又跟个人的审美有关联，所以对方接收的信息就会产生偏差，这样一来彼此又怎么能达成共识呢？所以，设计师要了解设计背后的原因，即遵循设计原则的正确指引。

关于设计原则，大家耳熟能详的有很多，如格式塔原理、费茨定律、席克定律、防错原则等，很多设计方法都离不开这些原则的指引。笔者将设计中应用比较广的 5 个设计原则做了一个汇总，仅供大家参考，如图 12-3 所示。

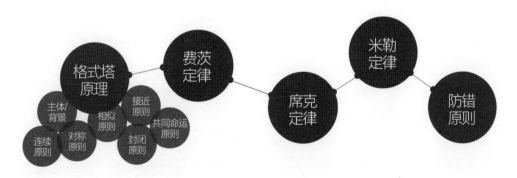

图 12-3　应用比较广的 5 个设计原则

格式塔原理是一个心理学名词，解释了人类的一些行为是如何产生的。这个原理重点揭示了人的视觉经验和大脑反应之间存在的联系，表明了人的神经系统对外界输入的视觉信息自动感知和处理的特点。具体来讲，这个原理主要揭示了接近原则、相似原则、封闭原则、连续原则、共同命运原则、对称原则等。

费茨定律是 1954 年由心理学家保罗·费茨（Paul Fitts）提出的，用来预测从任意一点到目标的中心位置所需的时间，这个时间与该点到目标的距离长短、目标的大小有关，距离越长、目标越小，时间就越长，距离越短、目标越大，时间就越短。这个定律在人机交互（HCI）和设计领域的影响最为广泛和深远。同时，这个定律让我们明白了如何控制按钮等可点击对象的合理尺寸，以及如何控制目标和方便触发位置的距离等。

席克定律是 1981 年由英国心理学家 Hick 在研究中发现的，他认为人们做出选择所需要的时间与候选数量为对数关系，而美国心理学家 Hyman 在细化研究中发现这两者应该为线性关系。总之，无论是对数关系还是线性关系，决策所需要花费的时间随着选择数量的增加和复杂度的提高而增加。在人机交互的界面中，选项越多意味着用户做出决定的时间就越长。所以，我们在设计的时候要尽可能减少用户在一次决策中的选项，当已经有多个选项时，应尽量降低选项的复杂度。

米勒定律是 1956 年乔治·米勒对短时记忆能力进行了定量研究后提出的，他发现人类大脑最好的状态能记忆 7（±2）项信息，在记忆了 5~9 项信息后人类的大脑就开始出错。在移动端设计的选项卡一般不会超过 5 个，对手机号、银行卡号、身份号码这种类型的信息，因为其固有的信息长度无法精简，所以我们在组织信息时就会采取分组的方式，保证将分组的数量控制在 3~5 个数字的范围内。界面的复杂度一旦迅速降低，其功能清晰度和操作便捷度就会显著提升。

防错原则认为用户在界面中发生的错误大部分是由设计和开发过程中的疏忽造成的，而不认为是用户的操作疏忽。因此，在设计中非常有必要考虑防错机制，尤其是用户的操作造成不可挽回的损失时，通过改变设计可以把损失降到最低。表单中的报错设计就是很好的防错设计，USB 接口的插槽也是一个很好的防错设计。

这些原则指引我们在沟通设计的时候，能让对方理解设计背后的真正原因，化解沟通中因表达过于主观而带来的困扰，指引我们回到高效沟通的轨道上来。沟通前的准备工作做好后，接下来我们就该想想在沟通中遇到的问题了。

12.2　沟通中的信息对等

沟通中最遥远的距离，莫过于表达者表达的信息和接收者接收到的信息根本不在一个频道。出现这种"信号差"的主要原因是表达者的模糊表达和接收者的理解出现了很大的偏差，导致沟通过程中的信息损耗。比如，在进行设计评审时，经常听到"缺乏设计感""没有新意""没档次"等诸如此类的评价，我们领悟不到具体的优化点，理解上就容易出现偏差。为了消除这种理解上的偏差，实现沟通中的信息对等，笔者总结了 3 种方法，如图 12-4 所示。

图 12-4　实现沟通中的信息对等的 3 种方法

12.2.1　设定好沟通目标

在每次沟通前，我们应想清楚要解决的问题，设定好沟通目标，并围绕目标展开沟通，以免在沟通中出现信息损耗。当出现模糊的术语表达时，接收者要及时重复确认接收到的信息。对于重要的设计议题，接收者最好重新组织自己的语言进行再次确认，如利用"是不是可以这么理解""你说的是不是这么修改""某某样例是不是更符合需求"等语言进行确认。某些设计稿（如高保真原型图），在条件允许的前提下甚至可以现场进行修改确认，高效达成设定好的目标。

再就是沟通过程中"跑题"的问题，谈及大家感兴趣的话题，家长里短的话匣子就被打开了，我们要能及时拉回来。所以，我们在设定好沟通目标的同时，在沟通过程中要经常反思当前沟通的问题是否已偏离了目标，对达成目标是否有帮助。发现目标偏离，我们可尝试改变节奏，思考接下来说什么有助于达成目标。沟通双方对设定的目标进行及时沟通，可防止被带偏节奏，即使被带偏节奏也能及时拉回来。

12.2.2　学会换位思考

沟通是为了解决问题，倾听对方的诉求，尝试寻找解决问题的办法，如果双方都围绕自身的利益点去沟通，势必很难达成一致。如果我们尝试站在对方的角度去换位思考，分析对方的需求，从设计层面想办法去解决问题，可能效果就完全不一样了。比如，沟通中经常出现需求不明确或业务目标变来变去的情况，反馈到设计层面，就要增加工作量。我们如果只是一味地不满增加的工作量，不了解业务需求变化的原因，又怎么能同对方进行顺畅的沟通呢？所以，我们应该学会站在业务的角度去换位思考，尝试理解业务变化的必要性，再对新增的设计产出所能带来的价值进行权衡，这样设计的价值就显而易见了。

12.2.3　减少专业术语的使用

在体验设计中，我们应站在用户的角度，使用用户可以理解的语言，减少专业术语的使用，这样才能将信息有效传递给用户。而在沟通中的信息损耗，同样大多是因为专业术语影响了信息的传递。比如，在进行设计评审的时候，业务人员讲如何完成OKR（目标与关键成果）指标业务模型，产品人员讲剖析用户需求的KANO模型，运营人员讲产品运营的北极星指标，作为设计师的我们表达风靡全球的赛博朋克、孟菲斯、波普艺术、蒸汽波、涂鸦、酸性美学、极简主义等设计风格的热度选择。我们感受一下，自己能接收业务人员、产品人员、运营人员提出的多少数据指标？同理，沟通者又能接收我们所表达的多少设计风格呢？所以，我们在沟通中应尽可能减少专业术语的使用，多采用举例或对方能听懂的方式，降低信息损耗。

保证沟通中的信息对等，消除理解上的偏差，使沟通双方表达和接收的信息保持在同一个频道，大大降低沟通中的信息损耗，沟通的效率自然就提高了。信息对等的问题解决了，我们接着来看如何解决沟通中出现的争端。

■ 12.3　正视沟通中的争端

在沟通中，双方聚焦的问题不在同一个点上，就容易产生争端。转移容易激化矛盾诉求的点，貌似可以有效避开纷争，但根本问题并没有得到解决，依然存在。如果我们尝试将视野拓宽，思考诉求达成背后的逻辑，反推用户更容易接受的体验形式，是不是就可以解决问题了呢？这只能说是想办法解决问题的正确思路，具体还要根据不同的问题采用不同的解决方法。笔者总结出 3 种正视沟通中的争端的方法，如图 12-5 所示。

图 12-5　正视沟通中的争端的 3 种方法

12.3.1　坦然面对争端

沟通中的争端多是由于双方为争取自身利益而产生的，业务人员看到的是商业化、业务指标、营收指标等因素，设计师看到的是体验设计、用户需求、设计专业性等因素。涉及影响各自底线的因素，谁都不愿意做出让步。可见，产生争端也是很正常的事情，关键就看沟通双方如何看待了。美国庄臣公司总经理詹姆士·波克说过："只有在争辩中，才可能诞生最好的主意和最好的决定。"所以，我们要坦然面对沟通中所产生的争端，没有必要判断谁对谁错，而应该齐心协力去寻找解决方案，这样才可能做出更好的产品。

12.3.2　正视自身的不足

著名的建筑师弗兰克·劳埃德·赖特说过："修改草稿只需要橡皮，修改实际产品则需要铁锤。"相关人员只有尽早地对产品展开简易可用性测试，才能及时发现问题，留出充足的时间去解决和改进。在进行设计评审阶段，还未涉及开发、测试等环节，修改的代价也比较小，此时我们应仔细甄别别人所提的建议，及早发现问题，同时应感谢别人指出自己的不足，使自己得到提升的机会。原研哉在《设计中的设计》一书中提醒我们："设计，是我们对生活的发言。"每个人都是自己的设计师，因为我们可以设计的不仅是一般意义上的"设计"，还有我们的生活。所以说，作为设计师，认识到自身存在亟待提升的空间，及时改进设计方案中的不足，相比一味地去争辩，孰轻孰重，只有自己知道。接受修改也不代表我们放下了高贵的身段，反倒是为了更高效地解决问题。

12.3.3　运用沟通技巧

英特尔公司的创始人安迪·葛洛夫说："有效的沟通取决于沟通者对议题的充分掌握，而非措辞甜美。"沟通双方都在争取有利于自身的议题，所以矛盾就产生了。我们可以先将一将议题对产品的影响有多大，是否具有可调和的空间。如果影响很大，我们可以探索一些折中的方案来调和；如果影响不大，我们可以尝试利用一些说话的技巧来调和。比如，我们可以利用以下说话技巧。

- 先肯定对方的提议，适当给予夸奖，然后再说出自己的想法，这样对方会更容易接受。

- 用提问的方式引导对方意识到自己的问题，视对方的接受程度，再做进一步的沟通。

- 尽量采用提建议的语气，而不采用肯定的语气，让对方感受不到被压制的气势。

- 提出某种解决方案，尽量不要把话说满，给自己留有余地，也给别人思考的空间。

正视沟通中的争端，可以让我们认识到沟通是平等的，而不是通过一方的强势压过另一方。这是一个协作的时代，不要表现得太强势，总想着去说服别人，那样沟通的结果容易适得其反。沟通的本质不是为了说服，而是通过采用正确的方式、方法让彼此心悦诚服，并最终解决争端。

▌ 小结

如何高效沟通设计问题，是很多设计师所面临的问题。笔者把高效沟通设计问题分为 3 步。首先，沟通前的准备工作，设计师提前剖析需求，找到需要沟通的问题点，提出想法要提供客观依据，遵循一些设计原则，正确指引沟通设计的方向。然后，双方在沟通的过程中要保证信息对等，使沟通双方表达和接收的信息保持在同一个频道，先设定好沟通目标，沟通的主旨应围绕沟通目标而展开；在沟通过程中学会换位思考，站在对方的角度去理解相应的需求；减少专业术语的使用，以便于传达信息。最后，学会运用沟通的技巧，用正确的方法解决争端。优秀的设计师，不是拿设计专业的知识去咄咄逼人，而应做到言之有理，说话掷地有声，让人心服口服，高效解决问题。

第 13 章

如何评定设计师的绩效

笔者特地对设计师的绩效单独进行介绍，就是因为其评估的维度不好把控。单从设计得好不好来评估设计师的工作，存在很强的主观性，张三说"好看"，李四觉得"不好看"，用户反馈说"还行"，无论做出什么样的评价，或许都有些言过其实。以客观的业务指标来衡量，设计师完成了业务需求的设计，按说业务指标的实现就有设计的功劳，但这么评判的话，又有失设计的专业水准。再就是绩效里常说的量化指标，传统业务绩效可以通过量化指标来衡量，但将设计也进行量化的话，对设计师而言缺乏一定的公正性，因为不同设计之间的工作量、功能、价值是完全不能等同的。可见，设计工作中不好量化的部分，也不能用传统指标来衡量，要想准确评估设计师的绩效，就需要找到可以合理评估设计工作的可量化指标。那么，如何找到这些指标呢？先让我们了解一下互联网大厂采用比较多的通用绩效考核标准吧！

■ 13.1   如何理解绩效考核

绩效考核（Performance Examine）是对成绩与成效的综合评估，是一定时期内的工作行为、方式、结果及其产生的客观影响。在企业等组织中，绩效考核多用于评定员工的工作情况，采用大家都认可的考核方式，评定员工的工作完成情况、职责履行情况和成长情况等，并且将评定结果反馈给员工，据此制定相应的奖惩机制。

可见，绩效考核的重心是，首先，要制定好企业与员工一致认同的工作目标和衡量标准；其次，制定的标准确实可以公正地衡量员工的工作完成情况、职责履行情况和成长情况等；最后，企业与员工都能认可考核的结果。企业现行衡量绩效考核的方法主要有两种——**关键绩效指标、目标与关键成果**，如图 13-1 所示。

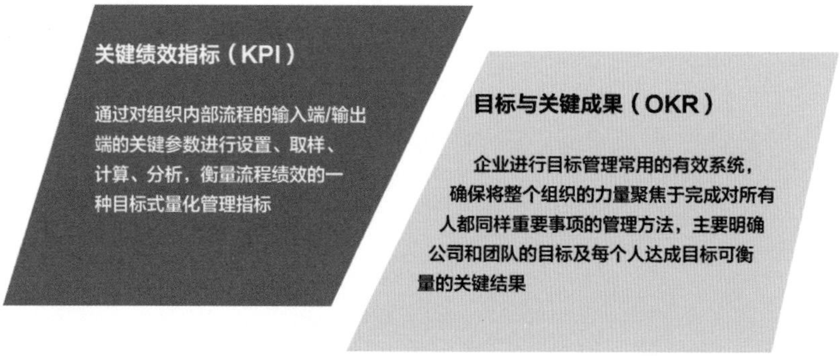

关键绩效指标（KPI）

通过对组织内部流程的输入端/输出端的关键参数进行设置、取样、计算、分析，衡量流程绩效的一种目标式量化管理指标

目标与关键成果（OKR）

企业进行目标管理常用的有效系统，确保将整个组织的力量聚焦于完成对所有人都同样重要事项的管理方法，主要明确公司和团队的目标及每个人达成目标可衡量的关键结果

图 13-1　企业现行衡量绩效考核的两种方法

13.1.1　关键绩效指标

关键绩效指标（Key Performance Indicator, KPI） 是指通过对组织内部流程的输入端／输出端的关键参数进行设置、取样、计算、分析，衡量流程绩效的一种目标式量化管理指标。关键绩效指标把企业的战略目标分解为可操作的工作目标，是企业绩效管理的基础，它是衡量员工工作绩效表现的量化指标。

关键绩效指标的应用过程如下所述。

首先，建立关键绩效指标体系。先要明确企业的战略目标，并关联到主营的业务层面，再找出这些关键业务领域的关键绩效指标，形成企业级关键绩效指标。然后，将企业级关键绩效指标分解到各业务部门，确定对应关键要素的目标，分析绩效驱动因素（技术、组织、人），确定实现目标的工作流程，分解出部门级关键绩效指标；执行部门级关键绩效指标的人员将其进一步细分，分解为更细的关键绩效指标及各职位的业绩衡量指标，这些指标就是考核员工的要素和依据。这种对关键绩效指标体系的建立和测评过程本身，就是带领全体员工朝着企业战略目标努力的过程，促使大家深入理解工作的重心和方向。

其次，对关键绩效指标进行评定。因为每个职位的工作性质和职能不同，所以我们要了解采用既定标准是否可以考核任职者 80% 以上的工作目标，跟踪和监控这些关键绩效指标是否可以操作等。考核主要是为了确保这些关键绩效指标能够全面、客观地反映任职者的绩效，而且易于操作。在确定目标及进行绩效考核时，应考虑任职者是否能控制该指标的结果，如果任职者不能控制，则该指标就不能作为任职者的关键绩效指标。比如，跨部门的指标不能作为基层员工的关键绩效指标，而应作为部门主管或更高级别主管的关键绩效指标。

最后，确定细分关键绩效指标遵循的原则是什么，特别是明确如何合理确定不同岗位的关键绩效指标，解决设计师的考核指标如何通过关键绩效指标的形式来量化评定的问题。接下来，我们看看目标与关键成果有没有解决这些问题。

13.1.2　目标与关键成果

目标与关键成果（Objectives and Key Results, OKR） 是企业进行目标管理常用的有效系统，确保将整个组织的力量聚焦于完成对所有人都同样重要的事项，主要明确公司和团队的目标及每个人达成目标可衡量的关键结果。

首先是目标与关键成果的建立过程。先思考我们担负的使命，明确我们为什么而做；接着勾勒出未来的愿景，相比竞争对手，我们能做成什么样，既定好如何往下做的战略；然后，围绕战略的实施，分解出不同的目标，有了不同的目标，就可以分解出一个个关键结果。要想实现这些结果，就需要在不同的业务线中来完成，具体到每一个人就是不同的任务。这个建立过程体现了目标与关键成果建立的重心是先明确目标，再拆分出一个个关键结果。目标与关键成果同关键绩效指标的区别就是将大目标拆解成一个个小任务，追求在具体执行层面完成小目标。

其次是目标与关键成果的评定标准。每个人达成目标可衡量的关键结果，这个结果是不是可以评定任职者的工作？检验和监控达到目标的指标是否具有时限性、挑战性，且可实现、可衡量、可验证。如果没有一个具体数字可以衡量这些结果，那么这就不能算是一个可衡量的关键结果指标。比如，设计师完成的设计需求，按完成作为关键结果来衡量，确实是完成了，但完成的质量太差，因此仅仅依据"完成"这个指标显然是不合理的。可见，涉及具体的评定标准，目标与关键成果同关键绩效指标类似，都需要细化每个人的指标的科学性、合理性、公正性。

最后，与关键绩效指标评定遇到了同样的问题，就是确定目标与关键成果需要遵循什么样的原则，才能保证不同职位评定标准的可量化。这就需要我们了解一下著名的 SMART 原则。

13.1.3　SMART 原则

利用关键绩效指标和目标与关键成果对个人进行评定的时候，都出现了考核标准的问题，SMART 原则可以为员工的绩效提供考核目标和考核标准。遵循 SMART 原则的制定标准，可以使员工的工作更加明确、透明，使考核更加科学化、规范化，同时也可以保证考核的公正、公开与公平。SMART 原则每个字母代表不同的标准维度，如图 13-2 所示。

明确性（Specific，S），指绩效指标必须是具体的，要切中特定的工作指标，不能笼统。所谓明确，就是要用具体的语言清楚地说明要达成的行为指标。明确的指标几乎是所有成功团队的一致特点。指标模棱两可，执行和评定都会出现"灰色地带"。比如，考核设计师的标准是设计能力的提升情况，那怎么才算能力有提升呢？执行人要怎么努力才能达到评定者的要求呢？评定者难道要通过主观感受来评定吗？所以，我们要将设计能力明确到独立完成项目、达到业务线的考核标准等。

图 13-2　SMART 原则的标准维度

衡量性（Measurable，M），指绩效指标必须是可衡量的，是数量化或者行为化的，验证这些绩效指标的数据或者信息是可以获得的。可衡量这个维度是所有绩效制定的"灵魂"所在，因为考核的可行性往往与这个原则的遵循有直接的关系。然而，可衡量并不是单纯指可量化，并不要求所有的绩效指标都是可量化指标，过分追求可量化指标，反倒会使一些不可量化的关键指标被遗漏。仍以设计能力的提升为例，设计产出的数量确实可量化，但这个数量却衡量不出设计能力，因为设计数量代表不了设计能力、难度、专业技能等。

可实现性（Attainable，A），指绩效指标必须是可以实现的，避免设立过高或过低的指标。过高的指标可能导致无法完成，这样指标就形同虚设，没有任何意义；而过低的指标又起不到激励作用。因此，指标的设定需要与行业的成长性、企业的成长性及产品的生命周期结合起来考虑。比如，公司下达紧急任务生产一批新产品，要求在一个星期内完成设计、开发、测试、上线。结果一个星期过去了，设计方案都还没能确定、开发框架都没成形，何谈测试或应用市场上线？

相关性（Relevant，R），指绩效指标要与其他目标具有一定的相关性，是与本职工作紧密相连的。如果实现了这个指标，但同其他的目标完全不相关，或者相关度很低，也偏离了本职工作，那这个指标即使达到了，意义也不大。比如，要求设计师去学习英语，盲目提高团队的整体英语水平，这样的指标显然与设计的本职工作相去甚远了。

时限性 (Time-bound, T)，指绩效指标必须具有明确的截止期限，遵守完成绩效指标的特定期限。同样的指标，花一年时间完成和花一个月时间完成，显然是有本质区别的。如果没有时效性的限制因素，绩效指标就失去了时间效率，也就形同虚设了。特别是在信息时代社会进程加快，年初定下的业务目标，到年底可能这样的业务已经不存在了。比如，设计师年初还从用户角度考虑网速的问题，但 5G 和带宽提升的全面覆盖，使网速的问题在很多场景下已经不是问题了。

SMART 原则从**明确性、衡量性、可实现性、相关性、时限性**这 5 个维度为员工的绩效提供了全方位的目标和标准。以 SMART 原则为制定标准，保证了关键绩效指标和目标与关键成果考核的科学化、规范化、透明化。那么，设计师的绩效如何通过 SMART 原则来量化呢？

■ 13.2 设计师绩效考核的指标

设计师的绩效考核指标要以 SMART 原则为标准来制定，制定出针对设计师绩效的考核维度。作为设计部门的整个绩效考核指标，首先要满足业务线的设计需求，它承载着业务目标达成的使命；基于业务需求的基础，其次才是设计部门的整体建设与发展方向；有了部门发展的明确目标，然后才落实到部门内设计师的个人能力与发展上，而个人的绩效考核指标更关注个人在项目中的表现能否被体现出来，虽然角度不一样，但核心都是能力。那么，设计师的能力是如何通过 SMART 原则制定的绩效考核指标体现出来的呢？

笔者认为设计师绩效考核的指标首先应从设计师对业务设计需求的支持出发，反映出设计师的**专业能力、工作态度、沟通能力**；再从设计部门的发展中体现出设计师的**专业能力、协作能力、贡献能力**；然后从设计师的个人发展中分解出设计师的**创新能力、学习能力、影响力、分享能力**。我们将设计师的这些能力进行去重组合，发现设计师的专业能力（学习能力）无论在哪一部分都必不可少，这是一个硬指标；工作态度反映了设计师对待设计的认真程度、对排期的把控等，显然这个指标也是有用的；关于沟通能力、协作能力和影响力，它们彼此之间有很多共性的地方，都与个人做事、沟通的方式有关，影响力也是由于在这些方面做得好才形成的，我们将其归类为沟通协作；创新能力是设计师的灵魂，设计师需要不断地创新进取；贡献能力、分享能力体现了设计师对团队贡献的力量，我们将其归类为团队贡献。这些指标跟设计师的绩效息息相关，我们逐一解析这几个指标跟 SMART 原则的关联性。设计师绩效考核的指标如图 13-3 所示。

图 13-3　设计师绩效考核的指标

13.2.1　专业能力

术业有专攻，设计方面的专业能力是衡量设计师水平的硬指标，专业能力并不是说一定是美术学院毕业或者学美术专业的人才具备。这主要看设计师个人对设计工作的领悟，笔者见过太多专业出身，但在工作中表现平平的人；反倒有一些非美术专业的设计师，在设计上表现得很出色。所以，我们在工作中先要摒弃对设计师出身而产生的偏见，正所谓"英雄各有见，何必问出处"。

表现专业能力的方面有很多，包括对各种设计风格的把控、对设计作品的细节处理、对多种设计软件的应用、对高难度设计技法的运用、对输出设计工作速度的掌控、对设计审美层次的分析、对业务需求的领悟等。这些指标确实可以直观地反映设计师的专业能力，但依照 SMART 原则却没法量化，所以，我们要想办法从工作中探索可以量化专业能力的维度。试想一下，我们在不了解设计师的情况下，想了解他的专业能力应该怎么办，主要还是通过作品集来甄别。那么，要在工作中量化考核，我们就看设计师在考核期内输出具有专业水准作品的数量，这样基本就可以对专业能力的绩效进行考核评定了。

13.2.2　工作态度

在职场中带着情绪工作是很不成熟的表现，消极怠工更是团队的蛀虫，面对工作不是推三阻四就是拒绝合作，你想想团队中的成员，但凡有一两个这样的人，对团队会造成多大的影响，工作还怎么往下推进？工作机会对大家都是平等的，我们不要总是有"吃大锅饭"的思想，这样对有能力的人有失公平，而且还会剥夺其他人成长的机会。我们对待工作要做到不偏不倚，视个人能力而为，自己可以掌控的自然是积极应对，有挑战性的工作我们也可以根据需求的实际情况尝试应对，这不正能体现积极的工作态度吗？

韩愈说："业精于勤，荒于嬉；行成于思，毁于随。"学业由于勤奋而精通，却荒废在嬉笑玩耍中；事情由于反复思考而成功，却毁灭于随大流。对待工作的态度，直接决定了最后产出成果的效率。同样的工作量，明明一个星期可以完成，却拖沓了一个月才完成，这样的工作状态，难道还会合格吗？工作态度有多种，如孜孜不倦、潜心研究不断创新、尽心尽力地学习、乐于奉献和分享，甚至包括个人的为人处世、言谈举止等。对工作态度的考核，不单是对设计师，而是无论对哪个职位都会考核的内容，只是占据整个考核体系的比例不同而已。但从 SMART 原则来看，工作态度不好量化，只能从可量化的数据里找可衡量的指标，如设计产出的效率、积极完成需求的次数等。

13.2.3　沟通协作

良好的沟通协作能力是设计师的加分项，有些设计师明明设计能力很强，却表达不出自己的设计想法，以至于别人领略不到。而有些设计师却可以通过专业的表达，为自己的设计赋能，引导需求方跟着自己的设计思路走，将自己的设计思路传达到位，这体现了设计师良好的沟通能力。再就是设计师对需求方提出的需求和建议，都默认为优化需求。如果不能通过沟通来诠释需求中的问题，那么最终很难达到预期的设计效果。至于协作，显然与沟通是相辅相成的，沟通达不成一致，又怎么能进一步协作呢？协作还反映在团队工作中，如很多设计师不愿意在别人设计好的基础上去做延展或改动，这样就会影响团队产出的效率，意味着团队的绩效指标会受到影响。可见，沟通协作的能力对设计的影响是非常大的。

沟通协作不是用专业技能来评定的，而是主要通过设计师表述设计想法的能力、沟通梳理需求的能力及团队协作的能力等来评定的。关于这些能力的考核，很难通过 SMART 原则来量化，我们同样可以将考核周期内设计师展示这些能力带来改变的次数作为可量化的指标。比如，跟业务线顺畅沟通协作需求项目 3 次、团队协作高效完成项目 2 次等。

13.2.4　创新能力

自从接触设计以来，大家时常挂在嘴边的词莫过于"创新"。创新赋予了设计全新的气息，也是区分不同设计师的设计能力的重要标准。正因为有了创新，才让我们看到了设计师的别出心裁，同样的主题出自不同的设计师之手，却能呈现出风格迥异的视觉盛宴。具备创新能力，需要设计师掌握前沿动态、时刻关注设计趋势、不断学习新的设计理念，并将其运用到实际的工作中，这样才能真正体现设计师的创造力。没有创新的设计好比缺少水分的绿叶，黯然失色。

创新能力多体现在设计输出的作品中，如采用另类的表现形式、不同元素之间巧妙结合、关键帧的动效设计、惟妙惟肖的手绘，还有头脑风暴的创意表达、策划创新的方案等。比如，在界面设计中，融入 C4D 动效的创新设计；在体验设计中，融入 VR 功能的创新等。但从 SMART 原则来看，创新能力很难具体量化，因此同样可以将考核周期内，设计师展现创新能力的次数作为可量化的指标。

13.2.5　团队贡献

团队贡献可以算是一个加分项，虽然在考核中的占比无法等同于设计师的专业能力，但它却是团队成长中不可或缺的中坚力量。设计师不是一个人在战斗，而是同整个设计团队在携手前行。那么，设计团队和设计师的关系是怎样的呢？一个人的想法是有限的，但一群人的想法是不可估量的，设计师彼此之间的沟通交换的是设计思想，设计的畅想就是交换思想的过程，大家不断碰撞出新的火花，共同成长提高。这也是设计师愿意在团队里成长的原因。设计师各自在执行不同的项目，都会遇到不同的问题或有不同的收获，如果设计师每次都把各自的心得分享出来，相当于整个团队都得到了成长。如果大家都各自为政，谁也不愿意分享，这样的团队还有什么存在的意义呢？

团队贡献表现的方面有很多，如方法论的建立、设计效率与质量提高方法的分享、设计中台的建立与更新、设计分享会的健全、设计师乐于奉献的制度、设计知识体系的建立、设计师相互协作共享的原则等。团队分享制度的健全，可以提高设计师对团队贡献的积极性，帮助团队的所有设计师收获稳定成长的机会。这个指标从 SMART 原则来看，非常容易衡量，因为设计师对团队的贡献大家有目共睹，这个绩效考核的指标完全可以根据团队所有成员分享内容的影响来衡量。

我们以 SMART 原则为标准，解析出设计师绩效考核的 5 个指标，分别为专业能力、工作态度、沟通协作、创新能力、团队贡献。这为设计师的绩效考核提供了方向，解决了我们一直不知道如何明确设计绩效的问题。那么，在实际的绩效考核中，我们如何根据业务和团队的情况来实操呢？

■ 13.3   如何制定设计师绩效考核的标准

考核设计师的绩效，有了前面基于 SMART 原则制定的考核指标，接下来就是制定绩效考核的标准。这要根据企业的业务情况和团队的实际工作来制定。比如，设计师直接对接业务部门的项目需求，业务部门比团队管理者更了解设计师的设计能力、工作状态等，因此业务部门参与对设计师的绩效考核会更加客观。又如，设计师的工作完全由团队来分配，输出成果大家也都能看到，团队的其他设计师可以从专业层面参与考核，这样可以充分体现考核的专业性。参与考核的人员确定好以后，接下来就是确定评分的标准了。

13.3.1   评分标准

通用的评分标准一般分为 5 级，考核评分为 5 ~ 0 分，分别对应 5 个级别 A⁺、A、B、C、D。绩效评分标准如图 13-4 所示。

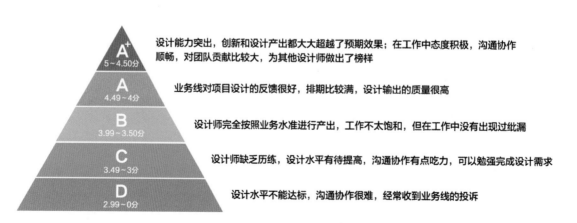

图 13-4   绩效评分标准

5 ~ 4.50 分（A⁺）：设计能力突出，创新和设计产出都大大超越了预期效果；在工作中态度积极，沟通协作顺畅，对团队贡献比较大，为其他设计师做出了榜样。

4.49 ~ 4 分（A）：业务线对项目设计的反馈很好，排期比较满，设计输出的质量很高。

3.99 ~ 3.50 分（B）：设计师完全按照业务水准进行产出，工作不太饱和，但在工作中没有出现过纰漏。

3.49 ~ 3 分（C）：设计师缺乏历练，设计水平有待提高，沟通协作有点吃力，可以勉强完成设计需求。

2.99 ~ 0 分（D）：设计水平不能达标，沟通协作很难，经常收到业务线的投诉。

这里的 A⁺ 级别显然是非常优秀的，在团队中能有几位这样的设计师，那真是设计团队的一大幸事，在评分的比例中不会超过 10%；A 级别是对设计师设计能力的肯定，没有 A⁺ 级别那么突出，但也已经达到了优秀的水平，占比不会超过 20%；B 级别的比例比较普遍，只要设计能力可以，认真对待工作的设计师一般都可以得到这个评分，占比不受限制；C 级别其实是对设计师的一次警告，因为只要有 C 级别的评分，主管部门就要指导设计师做出一些工作上的改进计划，以期在规定的考核周期内得到有效的提高；D 级别的评分，基本就跟要求解除劳动合同没什么区别了。

13.3.2　双方达成共识

绩效考核标准的制定，目标一定要明确，这样不仅可以考核设计师的工作状态、产出能力等，而且设计师都能接受这样的标准，并可以激励自己向目标方向努力，进而才能体现出绩效考核的意义。比如，管理者制定绩效考核的标准，完全根据自己的理解来打分，设计师不认可，必然会为自己的权益进行申诉。再就是考核的漏洞问题，很多设计师的工作基本处于饱和状态，每天的设计产出量很高，工作也很积极，但设计的难度偏低，在这种情况下，如果评分很高，必然会引起团队内部其他设计师的不满，从而失去考核的公正性。所以，我们制定的绩效考核的标准必须满足以下 5 点。

- 绩效考核的标准一定是可实现的，不是遥不可及的。

- 对设计师的绩效考核要求其应有具体的设计输出，不能仅有方法论，没有真实产出。

- 考核双方对绩效考核的标准要达成共识，以体现考核结果的公正性。

- 对专业能力和团队贡献的考核一定要让所有设计师参与，这样才能激励整个团队，体现公开性。

- 考核者应该以业务线评分和团队评分作为主要考核依据，这样才能体现考核的公平性。

考核双方达成了共识，接下来就是对设计师进行实际的绩效考核了，我们应如何在团队中考核设计师的绩效呢？

13.3.3　团队实操

笔者分享一下团队绩效考核方法的实操案例。笔者所在的设计团队，主要服务于各个业务线的项目，视设计师的能力确定服务不同难度的设计项目。所以，设计师跟业务线的沟通比较多，这样业务线对设计师的专业能力、创新能力、沟通协作能力可以进行一定的客观评价；但对专业度的把控，设计团队的评价会比较合理一点；再就是对设计师的工作态度、团队贡献等指标的考核。为了让考核的指标得到所有设计师的认可，又能体现考核的公平性、公正性、公开性，设计团队采用业务线满意度评分（占比 50%）和设计组内专业评分（占比 50%）相结合的方式进行评分。设计评定反馈表示例如表 13-1 所示。

从实操案例中，大家可以看到设计团队对设计师绩效考核的灵活性。在考核过程中，遵循考核双方达成的公平性、公正性、公开性的原则，以及从可实现性、衡量性、相关性等 SMART 原则的不同维度进行评定，有助于我们更好地理解绩效考核的实际应用。

表 13-1　设计评定反馈表示例

<table>
<tr><td colspan="3" align="center">设计评定反馈表</td></tr>
<tr><td colspan="3" align="center">业务线满意度评分</td></tr>
<tr><td colspan="3">项目名称：时尚PICKPICK改版设计</td></tr>
<tr><td colspan="3">工作内容：首页、图标、兑换奖品、签到页、列表页、个人中心、设置等</td></tr>
<tr><td>发起人：xxx</td><td>设计师：xxx</td><td>优先级：高</td></tr>
<tr><td colspan="2">开始日期：2022-XX-XX</td><td>结束日期：2022-XX-XX</td></tr>
<tr><td colspan="3">业务线满意度评分（50%）：4.5分（请业务线发起人在这里帮忙打分）</td></tr>
<tr><td colspan="3">业务线评分标准（5~0分对应A+、A、B、C、D）
5~4.50分（A+）：设计超出了业务线的预期效果。
4.49~4分（A）：设计完全契合业务要求，与设计师合作得非常满意。
3.99~3.50分（B）：好，设计达到业务水准，但出现了项目延迟、沟通不畅等。
3.49~3分（C）：还行，勉强完成任务，设计师的能力有待提高，设计师的工作态度还比较认真。
2.99~0分（D）：未能达到业务要求的目标，设计师不仅在能力方面需要提升，工作态度也有待改善。</td></tr>
<tr><td>其他问题反馈</td><td colspan="2">1. 工作态度消极
2. 设计经验比较少，解答问题少</td></tr>
<tr><td colspan="3" align="center">设计组内专业评分</td></tr>
<tr><td>能力指标</td><td>能力评定</td><td>提升建议</td></tr>
<tr><td>创新力（20%）</td><td>有3位设计师参与评分，且都评为4分，占比为20%，列式为（4+4+4）÷3x20%=4x20% =0.8</td><td>优势：C4D的引用，新元素结合
不足：设计专业度不够</td></tr>
<tr><td>视觉呈现效果（50%）</td><td>有3位设计师参与评分，且都评为4分，占比为50%，列式为（4+4+4）÷3x50%=4x50% =2</td><td>优势：视觉整体表现挺好
不足：没有设计质感、精细度不够</td></tr>
<tr><td>设计难易程度（30%）</td><td>有3位设计师参与评分，占比为30%，列式为（4+4+4）÷3x30%=4x30% =1.2</td><td>优势：涉及烦琐的工作量比较多
不足：需要设计思考的地方不多</td></tr>
<tr><td>设计组内专业评分（50%）</td><td colspan="2">0.8+2+1.2=4分（设计组内专业分值汇总）</td></tr>
<tr><td colspan="3">设计组内评分标准（5~0分对应A+、A、B、C、D）。
设计组内设计师从创新力（20%）、视觉呈现效果（50%）、设计难易程度（30%）3方面进行打分，打分标准同5~0分对应的标准，最后取平均分，按比重进行计算，3个维度的最终得分进行相加，得出组内专业分总值。
业务线满意度评分（50%）同设计组内专业评分（50%）相加进行平均，得出最终评定得分。</td></tr>
<tr><td>最终评定得分</td><td colspan="2">（4.5+4）×50%=4.25分（业务线满意度评分和设计组内专业评分汇总按50%均分）</td></tr>
</table>

▌ 小结

如何正确考核设计师的绩效，一直困扰着很多设计团队，笔者以互联网大厂比较认可的关键绩效指标、目标与关键成果为出发点，介绍其背后遵循的 SMART 原则，并解析出考核设计师绩效的 5 个关键指标分别为专业能力、工作态度、沟通协作、创新能力、团队贡献。有了具体的绩效考核指标，接下来就是如何制定标准的问题，笔者从评分标准和双方达成共识两个方面进行了介绍。最后，根据企业业务线的目标和团队工作的实际情况，笔者将自己所在设计团队的绩效考核的方法作为实操案例，使大家对设计师绩效考核的标准有了进一步的理解。